"十四五"时期水利类专业重点建设教材（职业教育）配套教材
高等职业教育水利类新形态一体化教材

水利工程造价综合实训工作手册

主编 肖敏

中国水利水电出版社
www.waterpub.com.cn
·北京·

内 容 提 要

本书对标水利工程造价岗位实际操作，分成两大部分，第一部分对标水利工程造价各类文件编制技能的实训，建议让学生采用 Excel 表格完成；第二部分对标水利工程造价软件的应用，以实际案例的实际操作全面介绍了水利水电工程概算、估算、预算、招（投）标、电子招（投）标编制的软件应用，主要内容包含软件安装、操作界面认识、软件参数设置、工程单价编制、基础单价编制、分部工程编制、报表生成等。本书注重实用性，以实操为依托，将实操内容融合在课程内容中，使理论紧密联系实际。

本书既可作为高校水利工程专业、工程造价专业、工程管理专业或管理科学与工程专业的实训教材，也可作为水利工程造价从业人员的参考书或培训教材。

图书在版编目（CIP）数据

水利工程造价综合实训工作手册 / 肖敏主编.
北京：中国水利水电出版社，2024. 12. --（"十四五"时期水利类专业重点建设教材（职业教育）配套教材）（高等职业教育水利类新形态一体化教材）. -- ISBN 978-7-5226-2940-7

Ⅰ．TV512

中国国家版本馆CIP数据核字第2024SY5141号

书　　名	"十四五"时期水利类专业重点建设教材（职业教育）配套教材 高等职业教育水利类新形态一体化教材 **水利工程造价综合实训工作手册** SHUILI GONGCHENG ZAOJIA ZONGHE SHIXUN GONGZUO SHOUCE
作　　者	主编　肖　敏
出版发行	中国水利水电出版社 （北京市海淀区玉渊潭南路1号D座　100038） 网址：www.waterpub.com.cn E - mail：sales@mwr.gov.cn 电话：（010）68545888（营销中心）
经　　售	北京科水图书销售有限公司 电话：（010）68545874、63202643 全国各地新华书店和相关出版物销售网点
排　　版	中国水利水电出版社微机排版中心
印　　刷	天津嘉恒印务有限公司
规　　格	184mm×260mm　16开本　8.25印张　201千字
版　　次	2024年12月第1版　2024年12月第1次印刷
印　　数	0001—3000册
定　　价	25.00元

凡购买我社图书，如有缺页、倒页、脱页的，本社营销中心负责调换

版权所有·侵权必究

编 写 组

主　编　肖　敏

副主编　肖永丽　江潜成　周永臻　杨丹丹　林新梅

参　编　史　尚　周书建　章朝峰　李　响　陈　前
　　　　　方　超　王　鑫

主　审　饶奇磊　李海滨

前言

《水利工程造价综合实训工作手册》为《水利工程计价岗位教程》的配套教材，共分两部分。本书的造价软件应用部分使用青山大禹水利计价软件，该软件为全国水利职业院校技能大赛"水利工程"赛项的推荐软件，全书将其简称为"青山计价软件"。

第一部分　分项技能实训

"任务4 基础单价编制""任务5 建筑安装工程单价、分部设计概算编制""任务6 设备费计算"结合全国水利职业院校技能大赛"水利工程造价赛项竞赛大纲及规程"的要求进行设计编写，建议让学生采用Excel表格完成。

"任务7 编制某五河治理防洪工程设计概算""任务8 编制某水库工程投资估算""任务9 编制新建斗渠施工图预算""任务10 编制某闸拆除重建工程招标工程量清单"主要来源于校企共建"项目资源库"，建议让学生同时采用Excel表格及青山计价软件完成。Excel表格接近手算，更方便学生发现知识点和技能点的漏洞；青山计价软件的应用则更接近毕业后真实工作环境，也是必须掌握的技能。

第二部分　水利工程造价软件应用

此部分详细阐述如何采用青山计价软件编制《水利工程计价岗位教程》中项目一所述的某水利枢纽工程和项目二所述的某中小河流治理工程的投资估算、设计概算、施工图预算、投标报价等造价文件。配套操作视频详见各任务对应的二维码。

其中，任务11～任务17对应《水利工程计价岗位教程》项目一设计概算编制；任务18对应《水利工程计价岗位教程》项目一工程投资估算编制；任务19～任务23对应《水利工程计价岗位教程》项目二施工图预算编制；任务24～任务28对应《水利工程计价岗位教程》

项目二发承包阶段造价文件编制。

　　本书由江西水利职业学院副院长、高级工程师饶奇磊、中国水利水电第八工程局科研设计院高级工程师、国家级试验室主任评审员李海滨主审。

编写组
2024 年 12 月

"行水云课"数字教材使用说明

"行水云课"水利职业教育服务平台是中国水利水电出版社立足水电、整合行业优质资源全力打造的"内容"+"平台"的一体化数字教学产品。平台包含高等教育、职业教育、职工教育、专题培训、行水讲堂五大版块，旨在提供一套与传统教学紧密衔接、可扩展、智能化的学习教育解决方案。

本套教材是整合传统纸质教材内容和富媒体数字资源的新型教材，它将大量图片、音频、视频、3D动画等教学素材与纸质教材内容相结合，用以辅助教学。读者可通过扫描纸质教材二维码查看与纸质内容相对应的知识点多媒体资源，完整数字教材及其配套数字资源可通过移动终端APP、"行水云课"微信公众号或中国水利水电出版社"行水云课"平台查看。

内页二维码具体标识如下：
- ▶为知识点视频
- Ⓟ为知识点文本
- ⊙为课件
- Ⓣ为习题，可下载
- ⊕为青山计价软件数据文件，可下载
- ⊗为 Excel 表格，可下载

线上教学与配套数字资源获取途径：

手机端：关注"行水云课"公众号→搜索"图书名"→封底激活码激活→学习或下载

PC端：登录"xingshuiyun.com"→搜索"图书名"→封底激活码激活→学习或下载

数 字 资 源 索 引

码号	资源名称	资源类型	页码
S5.1	任务 5.1 工程量清单	⊗	23
S5.2	任务 5.2 工程量清单	⊗	28
S7	任务 7 工程量清单	⊗	35
S8	任务 8 工程量清单	⊗	41
S10	任务 10 工程量清单	⊗	50
S11.1	软件下载安装及正版软件申领激活	▶	51
S11.2	正版软件使用授权文件申请	在线填写	51
S12.1	工程概算文件新建及参数设置	▶	53
S12.2	导入项目工程量清单	▶	55
S12.3	任务 12.2 项目一工程量清单	⊗	55
S13.1	编制"砂砾石开挖"工程单价	▶	57
S13.2	编制"石方明挖"工程单价	▶	59
S13.3	编制"固结灌浆钻孔、消力池锚筋、组合钢模板、水泥混凝土路面"工程单价	▶	59
S13.4	编制"重力坝坝体混凝土、浆砌石护坡"工程单价	▶	59
S13.5	编制"电力电缆"工程单价	▶	60
S14.1	人工、材料预算价格计算	▶	62
S14.2	施工用电、水、风单价计算	▶	64
S14.3	自采砂石料单价计算	▶	66
S14.4	自编混凝土及砂浆单价计算	▶	67
S14.5	自编施工机械台时及其单价计算	▶	69
S15.1	建筑工程概算编制	▶	71
S15.2	机电、金属结构设备及安装工程概算编制	▶	73
S15.3	施工临时工程概算编制	▶	75
S15.4	独立费用概算编制	▶	76
S16	其他部分概算编制	▶	78

续表

码号	资源名称	资源类型	页码
S17	概算报表输出	▶	80
S18	工程投资估算编制	▶	83
S19	工程预算文件新建及参数设置	▶	84
S20.1	预算电子表格清单导入及建安单价编制	▶	85
S20.2	项目二工程量清单	⊗	85
S21	预算文件基础价格编制	▶	86
S22	预算文件分部工程预算编制	▶	87
S23	预算文件报表输出	▶	88
S24	招投标工程文件新建及参数设置	▶	89
S25.1	招标电子表格清单导入及工程单价编制	▶	90
S25.2	项目二招标工程量清单	⊗	90
S26	投标文件基础价格编制	▶	91
S27	编制招标清单及报表输出	▶	92
S28.1	造价软件应用：电子招标、投标接口文件应用	▶	94
S28.2	工程数据文件	⬇	94
S30	实训任务文档一	⬇	100
S31	实训任务文档二	⬇	105
S32	实训任务文档三	⬇	111
S33	实训任务文档四	⬇	117

目录

前言
"行水云课"数字教材使用说明
数字资源索引

第一部分　分项技能实训 …………………………………………………… 1

任务1　水利工程项目划分及费用构成单元测试卷 …………………………… 1
任务2　水利工程计价方法及计价依据单元测试卷 …………………………… 5
任务3　水利工程定额单元测试卷 ……………………………………………… 7
任务4　基础单价编制 …………………………………………………………… 9
任务5　建筑安装工程单价、分部设计概算编制 ……………………………… 17
任务6　设备费计算 ……………………………………………………………… 30
任务7　编制某五河治理防洪工程设计概算 …………………………………… 31
任务8　编制某水库工程投资估算 ……………………………………………… 36
任务9　编制新建斗渠施工图预算 ……………………………………………… 45
任务10　编制某闸拆除重建工程招标工程量清单 …………………………… 46

第二部分　水利工程造价软件应用 …………………………………………… 51

任务11　软件安装及认识 ……………………………………………………… 51
任务12　项目一工程基础参数及数据设置 …………………………………… 53
任务13　编制项目一概算工程单价 …………………………………………… 57
任务14　项目一基础单价编制 ………………………………………………… 62
任务15　项目一分部工程设计概算编制 ……………………………………… 71
任务16　项目一其他部分编制 ………………………………………………… 78
任务17　项目一概算报表输出 ………………………………………………… 80
任务18　项目一工程投资估算编制 …………………………………………… 83
任务19　项目二新建及工程参数设置 ………………………………………… 84
任务20　导入项目二工程量清单、编制预算工程单价 ……………………… 85
任务21　项目二基础单价编制 ………………………………………………… 86
任务22　分部工程预算编制 …………………………………………………… 87
任务23　项目二施工图预算报表输出 ………………………………………… 88

任务 24	项目二招投标文件新建及工程参数设置	89
任务 25	导入项目二招标工程量清单、编制工程单价	90
任务 26	项目二投标报价基础单价编制	91
任务 27	编制项目二招标工程量清单、输出报表	92
任务 28	电子招标、投标接口文件生成	94
任务 29	青山大禹水利计价软件竞赛版应用	95
任务 30	实训任务一　某河道治理工程概算编制	97
任务 31	实训任务二　某引水工程预算编制	101
任务 32	实训任务三　投标报价工作任务（一）	106
任务 33	实训任务四　投标报价工作任务（二）	112

第一部分 分项技能实训

任务1 水利工程项目划分及费用构成单元测试卷

一、单选题

1. 在工程建设中进行征地、拆迁、场地平整，属于（　　）的工作。
   A. 项目建议书阶段　　　　　　　B. 可行性研究报告阶段
   C. 建设准备阶段　　　　　　　　D. 建设实施阶段
2. 后评价是在工程交付生产运行（　　）时间后，对项目进行的全过程系统评价。
   A. 6个月　　　　　　　　　　　　B. 5年
   C. 1～2年　　　　　　　　　　　D. 3年
3. 建设项目实际造价是（　　）。
   A. 承包合同价　　　　　　　　　B. 竣工决算价
   C. 总承包价　　　　　　　　　　D. 竣工结算价
4. 水利工程初步设计阶段编制的工程造价文件是（　　）。
   A. 施工图预算　　　　　　　　　B. 设计概算
   C. 投资估算　　　　　　　　　　D. 施工预算
5. 办理竣工结算是（　　）和建设单位之间的事。
   A. 设计单位　　　　　　　　　　B. 施工单位
   C. 监理单位　　　　　　　　　　D. 上级主管部门
6. 下面反映了工程从开始到竣工的全部投资额度和投资效果的是（　　）。
   A. 投资估算　　　　　　　　　　B. 项目经济评价
   C. 施工预算　　　　　　　　　　D. 竣工决算
7. 下列属于单项工程的是（　　）。
   A. 三峡水利枢纽工程　　　　　　B. 混凝土重力坝
   C. 建筑安装工程　　　　　　　　D. 土方开挖工程
8. 枢纽工程包括（　　）。
   A. 供水工程
   B. 灌溉工程
   C. 河湖整治工程和堤防工程
   D. 水库、水电站和其他大型独立建筑物工程
9. 按照基本建设项目划分标准，学校的教学楼属于（　　）。

A. 单项工程 B. 分项工程
C. 分部工程 D. 单位工程

10. 水利工程枢纽工程二级项目包括（　　）。
A. 挡水工程 B. 泄洪工程
C. 引水工程 D. 混凝土坝（闸）工程

11. 水利工程三级项目中应将石方开挖工程分为明挖与暗挖，平洞与（　　）分列。
A. 斜井 B. 竖井
C. 斜井、竖井 D. 直洞

12. 凡永久与临时相结合的项目，应列入相应的（　　）项目内。
A. 永久工程 B. 临时工程
C. 永久或临时工程 D. 零星工作

13. 下列属于河道工程的是（　　）。
A. 堤防工程 B. 水库工程
C. 水电站工程 D. 其他大型独立建筑物工程

14. 下列属于基本直接费的是（　　）。
A. 间接费 B. 人工费
C. 其他直接费 D. 利润

15. 独立费用由生产准备费、工程建设监理费、建设管理费、科研勘测设计费、（　　）及其他组成。
A. 基本预备费 B. 联合试运转费
C. 建设期融资利息 D. 企业管理费

16. 根据现行部颁规定，夜间施工增加的施工场地和公用施工道路照明费包含在（　　）内。
A. 其他直接费 B. 现场经费
C. 间接费 D. 安装费

17. 夜间照明、供热系统及通信支线费用属于（　　）。
A. 直接费 B. 其他直接费
C. 临时设施费 D. 现场管理费

18. 试验检验费属于（　　）。
A. 直接费 B. 其他直接费
C. 临时设施费 D. 现场管理费

19. 工程定位复测费用属于（　　）。
A. 直接费 B. 其他直接费
C. 临时设施费 D. 现场管理费

20. 竣工场地清理费用属于（　　）。
A. 直接费 B. 其他直接费
C. 临时设施费 D. 现场管理费

21. 简易砂石料加工系统费用属于（　　）。
   A. 直接费 B. 其他直接费
   C. 临时设施费 D. 现场管理费
22. 投标和承包工程发生的保函手续费属于（　　）。
   A. 保险费 B. 财务费用
   C. 其他费用 D. 咨询费
23. 投标报价费属于（　　）。
   A. 企业管理费 B. 财务费用
   C. 办公费 D. 咨询费
24. 根据现行部颁规定，地下工程的施工照明费应包含在（　　）内。
   A. 定额中的其他材料费 B. 现场经费
   C. 其他直接费 D. 间接费
25. 建设单位在工程项目筹建和建设期间进行管理工作所需费用称为（　　）。
   A. 财务费用 B. 企业管理费
   C. 建设管理费 D. 项目管理费
26. 施工单位参加联合试运转人员的工资从（　　）开支。
   A. 间接费 B. 联合试运转费
   C. 建筑安装工程费 D. 直接费
27. 根据《水利工程设计概（估）算编制规定》，财务费用是指施工企业为筹集资金而发生的各项费用，它属于（　　）。
   A. 直接费 B. 其他直接费
   C. 间接费 D. 现场经费
28. 关于水电工程项目费用构成，下列说法正确的是（　　）。
   A. 枢纽建筑物费用由建筑工程费和安装工程费组成
   B. 安装工程费用由直接费、间接费、利润、材料补差、未计价装置性材料费、税金构成
   C. 设备费由设备原价和运杂费构成
   D. 设备运杂费中未包括包装绑扎费
29. 备品备件购置费从（　　）开支。
   A. 生产准备费 B. 设备费
   C. 建筑安装工程费 D. 建设管理费
30. 单台设备试车时所需的费用应计入（　　）。
   A. 设备购置费 B. 试验研究费
   C. 安装工程费 D. 联合试运转费
31. 以下费用中，属于间接费的是（　　）。
   A. 现场管理人员工资 B. 建筑安装工人工资
   C. 监理人员工资 D. 离退休人员退休金
32. 我国现行建筑安装工程费用构成中，材料二次搬运费应计入（　　）。

A. 直接费 B. 现场管理费
C. 其他直接费 D. 间接费

33. 根据现行部颁规定，施工导流隧洞的钢闸门的费用应包括在（　　）内。

A. 第四部分临时工程中其他临时工程
B. 第四部分临时工程中导流工程
C. 第三部分金属设备及安装工程
D. 第一部分建筑工程的其他工程

二、多选题

1. 水利工程概算按现行部颁规定由（　　）构成。

A. 工程部分 B. 水库移民征地补偿
C. 水土保持工程 D. 水电站送出工程
E. 环境保护工程

2. 工程完工结算审核，一般应包括（　　）。

A. 核对合同条款 B. 检查隐蔽工程验收记录
C. 落实工程变更签证 D. 工程量清单及其单价组成
E. 注意各项费用的计取

任务 2 水利工程计价方法及计价依据单元测试卷

一、填空题
1. 水利工程造价的计算有（　　　）和（　　　）两个环节。
2. 工程计价包括（　　　）和（　　　）。
3. 水利工程的造价理论上应由（　　　）＋（　　　）＋（　　　）组成。
4. 水利工程计价的方法有＿＿、＿＿、＿＿、＿＿四种，各种计价方法对应其适用的计价阶段。
5. 在工程＿＿＿＿＿＿的计价行为属于计划行为，一般采用综合指标法和定额法，而在＿＿＿＿＿＿的工程招投标阶段的计价则一般采用工程量清单计价。
6. 施工预算是在工程开工（　　），（　　）编制的与工程施工各项消耗相关文件的过程。
7. 投资估算是由具有相应资质的（　　　）编制的。

二、单选题
1. 编制投资估算时常常采用（　　）。
   A. 定额法　　　　　　　　　B. 综合指标法
   C. 实物量法　　　　　　　　D. 工程清单法
2. （　　）的主要优点是计算简单方便。
   A. 定额法　　　　　　　　　B. 综合指标法
   C. 实物量法　　　　　　　　D. 工程清单法
3. 以下（　　）不是清单计价的相关名词。
   A. 工程量清单　　　　　　　B. 措施项目
   C. 基本直接费　　　　　　　D. 预留金
4. （　　）不是施工预算的依据。
   A. 施工合同　　　　　　　　B. 投标文件
   C. 设计部门提供的施工图纸　D. 施工组织设计

三、判断题
1. 一般基本建设工程把一个建设项目从大到小依次划分为单位工程、单项工程、分部工程、分项工程。（　　）
2. 分项工程是分部工程的组成部分。（　　）
3. 根据水利水电工程性质，其工程项目分别按枢纽工程、引水工程和河道工程划分，工程各部分下设一级、二级、三级项目。（　　）
4. 在各个不同的设计阶段由于工作深度不同、要求不同，所体现的工作内容也不尽相同，因此工程造价文件的类型也不尽一样。（　　）

5. 枢纽工程的建筑工程指水利枢纽建筑物（含引水工程中的水源工程）和其他大型独立建筑物。其中溢洪道、泄洪洞、泵站、渡槽等都属于枢纽工程的建筑工程。（   ）

6. 建筑及安装工程费由直接费、间接费、利润、材料补差、税金组成。（   ）

7. 直接费是指建筑安装工程施工过程中直接消耗在工程项目上的活劳动和物化劳动，由基本直接费和其他直接费组成。（   ）

8. 水利水电工程按性质划分为枢纽工程、引水工程及河道工程三大类。（   ）

9. 施工临时工程是指为辅助主体工程施工所必须修建的生产和生活临时性工程。（   ）

四、简答题

在水利工程不同的建设阶段，编制的工程造价文件依据有何不同？

任务3 水利工程定额单元测试卷

一、单选题

1. 现行部颁概算定额中，零星材料费是以费率（%）形式表示，其计算基数为（　　）。
   A. 主要材料费之和　　　　　　　B. 人工费、主要材料费之和
   C. 人工费、机械费之和　　　　　D. 机械费

2. 根据现行部颁规定，在海拔（　　）以上地区，其人工和机械定额应乘以调整系数。
   A. 1500m　　　　　　　　　　　B. 2000m
   C. 2500m　　　　　　　　　　　D. 2200m

3. 下面哪一项定额不是按照生产要素进行分类的？（　　）
   A. 劳动定额　　　　　　　　　　B. 材料消耗定额
   C. 施工定额　　　　　　　　　　D. 机械消耗定额

4. 现行部颁概算定额中，其他机械费是以费率（%）形式表示，其计算基数为（　　）。
   A. 主要材料之和　　　　　　　　B. 人工费、主要材料费之和
   C. 人工费、机械费之和　　　　　D. 主要机械费之和

5. 现行部颁概算定额中，其他材料费是以费率（%）形式表示，其计算基数为（　　）。
   A. 主要材料费之和　　　　　　　B. 人工费、主要材料费之和
   C. 人工费、机械费之和　　　　　D. 机械费

6. 工程建设前期阶段造价文件编制所使用的定额，其原则宜（　　）。
   A. 反映社会平均水平　　　　　　B. 反映企业平均先进水平
   C. 反映国家经济发展水平　　　　D. 反映先进企业所达到的水平

7. 施工定额属于（　　）性质。
   A. 计价性定额　　　　　　　　　B. 生产性定额
   C. 通用性定额　　　　　　　　　D. 计划性定额

8. 以下关于定额的说法不正确的是（　　）。
   A. 定额不仅是产品的资源消耗的数量标准，而且规定了完成产品的工作内容、质量标准和安全要求。
   B. 定额具有科学性和权威性。
   C. 根据定额可以计算出工程的竣工决算价。
   D. 定额是总结推广先进生产方法的手段。

9. 关于施工定额和预算定额的联系区别，说法不正确的有（　　）。
A. 研究对象相同　　　　　　　　B. 编制单位不同
C. 使用范围不同　　　　　　　　D. 编制考虑的因素不同

10. 下面描述不正确的是（　　）。
A. 施工定额是组织施工的依据
B. 概算定额能促进技术进步和降低工程成本
C. 预算定额是编制施工组织设计的依据
D. 企业定额是计算工人劳动报酬的依据

二、判断题

1. 时间定额与产量定额互为倒数。（　　）
2. 凡一种机械名称之后，同时并列了几种不同型号规格的，表示这种机械需要使用多种型号规格的机械定额进行计价。（　　）
3. 定额是指在一定的外部条件下，预先规定完成某项合格产品所需要素的标准额度，它反映一定时期的社会生产力水平的高低。（　　）
4. 施工定额是编制施工图预算的依据。（　　）
5. 凡一种机械分几种型号规格与机械名称同时并列的，表示这些机械只能选用其中一种型号规格的机械定额进行计价。（　　）

任务 4　基 础 单 价 编 制

结合全国水利职业院校技能大赛"水利工程造价赛项竞赛大纲及规程"的要求采用 Excel 表格完成。

任务 4.1　材料预算价格计算

1. 根据已知条件,计算水泥的预算价格。

某水利工程用普通硅酸盐水泥,根据以下资料计算该工程所用水泥的综合预算价格（表 4.1-1）。

(1) 水泥运输流程如图 4.1-1 所示。

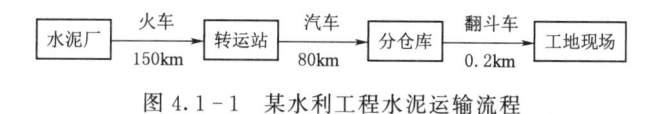

图 4.1-1　某水利工程水泥运输流程

(2) 水泥出厂价：P.O 42.5 水泥 460 元/t，P.O 52.5 水泥 510 元/t。

(3) 火车综合运价为 0.135 元/(t·km)，火车装车费为 5.00 元/(t·次)，卸车费为 2 元/(t·次)；汽车运价为 0.55 元/(t·km)，汽车装车费为 5.00 元/(t·次)，卸车费为 1.5 元/(t·次)，水泥运输保险费费率为 0.25%。

(4) 水泥使用比例：P.O 42.5 : P.O 52.5 = 70% : 30%。

表 4.1-1　　　　　　　主要材料预算价格计算表

编号	名称及规格	单位	价格/元				
			原价	运杂费	采购及保管费	运输保险费	预算价格

2. 根据已知条件,计算水泥的预算价格。

某水利工程用普通硅酸盐水泥 P.O 42.5 来自甲、乙两厂,根据以下资料计算该工程所用水泥的预算价格。

(1) 运输路线如图 4.1-2 所示。

(2) 水泥出厂价：甲水泥厂为 450 元/t；乙水泥厂袋装水泥为 470 元/t，散装水泥为 430 元/t。两厂水泥均为车上交货。

(3) 袋装水泥汽车运价为 0.55 元/(t·km)，散装水泥运价在袋装水泥运价的基础上上浮 20%；袋装水泥装车费为 6.00 元/(t·次)，卸车费为 5.00 元/(t·次)，散装水泥装车费为 5.00 元/(t·次)，卸车费为 4.00 元/(t·次)。

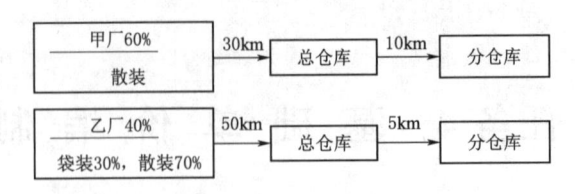

```
甲厂60%         30km      10km
散装         →  总仓库  → 分仓库

乙厂40%         50km      5km
袋装30%,散装70% → 总仓库 → 分仓库
```

图 4.1-2　运输路线

(4) 运输保险费费率为 1‰。

3. 计算水泥预算价格。

某引水工程所需的 42.5 级硅酸盐水泥由工程所在地的甲、乙两水泥厂供应，两厂均为车上交货，其他基本资料如下：

(1) 甲厂袋装水泥出厂价为 460 元/t，散装水泥出厂价为 420 元/t。

(2) 乙厂袋装水泥出厂价为 450 元/t。

(3) 袋装水泥汽车运价为 0.50 元/(t·km)，散装水泥汽车运价在袋装水泥运价的基础上上浮 10%。

(4) 袋装水泥装车费为 6.00 元/(t·次)，卸车费为 3.00 元/(t·次)；散装水泥装车费为 4.00 元/(t·次)，卸车费为 1.00 元/(t·次)。

(5) 运输保险费费率为 0.15%。

(6) 该工程所需水泥均由公路运输，其运输流程如图 4.1-3 所示。

计算该引水工程水泥的预算价格。

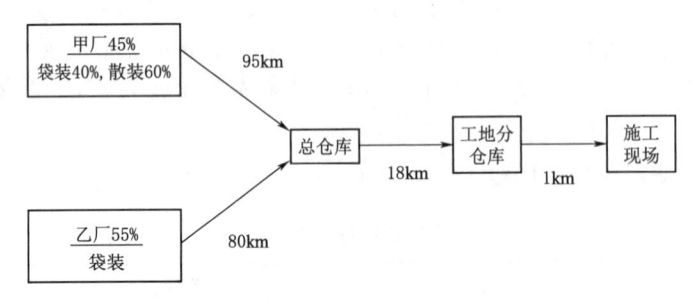

```
甲厂45%
袋装40%,散装60%  —95km—↘
                         总仓库 —18km→ 工地分仓库 —1km→ 施工现场
乙厂55%          —80km—↗
袋装
```

图 4.1-3　某引水工程水泥运输流程

4. 计算水泥预算价格。

某水利工程用普通硅酸盐水泥来自甲、乙两厂，根据以下资料计算该工程所用水泥的预算价格。

甲厂水泥出厂价为 445 元/t，乙厂水泥出厂价为 460 元/t；甲、乙两厂距离工地总仓库的距离分别为 65km 和 40km，工地总仓库至工地分仓库的距离为 6km，工地分仓库至工地现场的距离为 1km，均采用汽车运输；汽车运价为 0.68 元/(t·km)，装车费为 5.00 元/(t·次)，卸车费为 4.00 元/(t·次)，水泥运输保险费费率为 0.2%。甲、乙两厂水泥供应量分别为 4000t 和 6000t。

5. 计算水泥预算价格。

某水利工程用强度等级为 42.5 级的普通硅酸盐水泥，基本资料见表 4.1-2，请计算该水泥的预算价格。

表 4.1-2　　　　　　　　　基 本 资 料 表

项　　目	甲厂	乙厂
供应比例	60%	40%
出厂价/(元/t)	400	420
厂家至工地距离/km	100	120
吨公里运价/元	0.5	0.5
装卸费小计/[元/(t·次)]	18	18
材料运输保险费费率	0.20%	0.20%

6. 计算水泥预算价格。

计算某水电工程所采用 P.O 42.5 散装水泥预算价格。其运输流程如图 4.1-4 所示。

```
      火车（500km）      汽车 100km      10km
水泥厂 --------→ 中转站 --------◎------→ 工地分仓库
                         国道    山区支线
```

图 4.1-4　某水电工程水泥运输流程

已知基础资料：

（1）散装水泥出厂价为 450.00 元/t。

（2）铁路运输：全部为整车，发到基价为 8.50 元/t，运行基价为 0.0851 元/(t·km)。水泥公路运输：国道运价为 0.60 元/(t·km)，山区支线运价为 0.75 元/(t·km)。

（3）杂费：铁路：调车费为 1.50 元/t，火车罐车使用费为 2.3 元/t，转罐费（火车罐车转汽车罐车）为 3.00 元/t，中转站运行费为 10.00 元/t；公路：卸车上罐费为 4 元/(t·次)。

（4）运输保险费费率为 1‰。

7. 某水利工程使用强度等级为 42.5 级的水泥由 A 厂供应，其中袋装水泥占 70%，出厂价为 285 元/t；散装水泥占 30%，出厂价为 310 元/t。运输方式和各项费用：A 厂距离工地总仓库的距离为 70km，工地总仓库至工地分仓库的距离为 5km，工地分仓库至工地现场的距离为 1km，均采用汽车运输；袋装水泥运价为 0.52 元/(t·km)，装车费为 4.00 元/(t·次)，卸车费为 3.00 元/(t·次)；散装水泥运价为 0.66 元/(t·km)，装车费为 5.00 元/(t·次)，卸车费为 4.00 元/(t·次)；水泥运输保险费费率为 0.2%。计算水泥的预算价格。

8. 某水电站使用普通硅酸盐水泥由附近某水泥厂供应，其中 P.O 32.5 水泥出厂价为 440 元/t，P.O 42.5 水泥出厂价为 460 元/t，两种水泥的比例为 P.O 32.5∶P.O 42.5＝60%∶40%，均为车上交货。

（1）铁路运输：160km 到达转运站，均由火车整车运输，发到基价为 7.90 元/t，运行基价为 0.0588 元/(t·km)，铁路建设基金为 0.025 元/(t·km)，火车装车费为

5.20元/(t·次)，火车卸车费为2.50元/(t·次)，火车运输装载系数为0.9。

（2）汽车运输：转运站经30km到达工地分仓库，再从工地分仓库运输2km到达工地施工现场，汽车运费为0.65元/(t·km)，装车费为5.0元/(t·次)，卸车费为2.00元/(t·次)。

（3）运输保险费费率为2.8‰。

请计算该水利工程所使用水泥的预算价格。

9. 某工程采购的散装水泥，由甲、乙两水泥厂分别供应。其中甲厂供应35%，火车上交货价格为480元/t；乙厂供应65%，出厂价为520元/t。请计算水泥预算单价，并写出计算过程。

（1）运输流程：

甲厂：先用火车运输300km，经转运站后换用汽车运输，转运站至工地分仓库的距离为20km。

乙厂：汽车运输，由交货地点直接运至工地分仓库，运距为100km。

分仓库至拌合楼采用汽车运输，运距为0.5km。

（2）运杂费：

火车罐车整车运输，发到基价为6.50元/t，运行基价为0.043元/(t·km)，火车罐车上罐费为4.50元/t、火车罐车转汽车罐车的转罐费为7.00元/t。转运站综合运行费为2.80元/t。汽车罐车运价为1.90元/(t·km)，汽车进罐费为3.50元/t、卸车费为2.30元/(t·次)。运输保险费费率为0.25%。

10. 计算钢筋的预算价格。

某引水工程所用钢筋由A钢厂供应55%，由B钢厂供应45%，两地点供应的钢筋，低合金20MnSi螺纹钢占70%，普通A3光面钢筋占30%，低合金20MnSi螺纹钢出厂价为4500元/t，普通A3光面钢筋出厂价为4200元/t，计算该工程所用钢筋的综合预算价格。

运输流程：A钢厂的钢筋用火车运至B市火车站，运距为300km，再用汽车运至工地分仓库，运距为20km，由工地分仓库运至施工地的距离为1km。B钢厂供应的钢筋直接由汽车运至工地分仓库，运距为260km。

运输费用：火车运价为17元/t，火车出库整车综合费为3.8元/t，卸车费为1.3元/(t·次)；汽车运价为0.56元/(t·km)，汽车装车费为2.1元/(t·次)，卸车费为1.7元/(t·次)，运输保险费费率为8‰。

11. 计算钢筋的预算价格。

某枢纽工程所用钢筋从A市钢厂供应。按下列已知条件，计算钢筋的预算价格。

材料信息：普通A3光面钢筋占35%，出厂价为4300元/t；低合金螺纹钢占65%，出厂价为4600元/t。运输流程：A市钢厂出厂，先由铁路运输500km至B市转运站，整零比为85%：15%，再由B市转运站运输70km到达工地总仓库临时存放，后由总仓库运输5km至工地分仓库堆放，最后由分仓库运输2km到达工地施工现场。

(1) 铁路。

1) 钢筋整车运价：发到基价为 8.6 元/t，运行基价为 0.045 元/(t·km)；钢筋零担运价：发到基价为 9 元/t，运行基价为 0.052 元/(t·km)。

2) 铁路建设基金为 0.025 元/(t·km)，铁路装车费为 4.9 元/t，装载系数为 0.9，铁路卸车费为 1.5 元/(t·次)。

(2) 公路。转运站转运费为 20 元/(t·次)，汽车运价为 0.7 元/(t·km)，汽车装车费为 5.5 元/(t·次)，卸车费为 2.3 元/(t·次)。

(3) 运输保险费费率为 6‰。

(4) 毛重系数为 1。

12. 计算钢筋的预算价格。

某水利枢纽工程所用钢筋由一大型钢厂供应，火车整车运输。普通 A3 光面钢筋占 45%，低合金 20MnSi 螺纹钢占 55%。已知条件如下：

(1) 出厂价。某水利枢纽工程所用钢筋的出厂价见表 4.1-3。

表 4.1-3　　　　　某水利枢纽工程所用钢筋的出厂价

名称及规格	单位	出厂价/元	名称及规格	单位	出厂价/元
A3 ϕ10mm 以下	t	4650	20MnSi ϕ25mm 以外	t	4950
A3 ϕ16～18mm	t	4750	20MnSi ϕ20～25mm	t	4850

(2) 运输方式及距离（图 4.1-5）：

钢厂 —火车 490km→ 转运站 —汽车 10km→ 总仓库 —汽车 8km→ 分仓库 —汽车 2km→ 施工现场

图 4.1-5　某水利枢纽工程所用钢筋的运输方式及距离

(3) 运价。

铁路：整车发到基价为 8.6 元/t，整车运行基价为 0.042 元/(t·km)，铁路建设基金为 0.025 元/(t·km)，上站费为 2.5 元/t，装载系数为 0.85，整车卸车费为 1.3 元/(t·次)。

公路：汽车运价为 0.57 元/(t·km)，转运站费用为 5 元/t，汽车装车费为 2 元/(t·次)，卸车费为 1.8 元/(t·次)。

(4) 运输保险费费率为 5.3‰。

13. 某水利枢纽工程使用的炸药为 2# 岩石铵梯炸药（袋装，不计包装费及包装物质量），炸药厂的炸药出厂价为 7450 元/t，炸药通过专用汽车运输 80km 到工地炸药仓库，专用运输车的运输费用为 0.85 元/(t·km)，炸药的装车费为 13.00 元/t，卸车费 10.00 元/t，根据相关部门要求，炸药的装车质量为车辆载重量的 75%，炸药的运输保险费费率为 0.5%，计算该工程所用炸药的预算价格。

14. 某水利工程所用圆木的市场大宗批发价为 1350 元/m³，圆木通过汽车运输 80km 到工地分仓库，汽车运输费用为 0.65 元/(t·km)，圆木的密度为 0.8t/m³，圆木的装车费为 8.00 元/t，卸车费为 4.00 元/t，圆木的装载系数为 0.75，计算该工程所用圆木的预算价格，运输保险费费率为 0.5%。

15. 某工程所用木材从木材批发市场购进，批发价为 600 元/m³，采用铁路运输 100km，再转运汽车运输 20km 至工地分仓库。

(1) 已知铁路运价为 0.20 元/(m³·km)，转运站费为 3 元/m³，装卸费为 10 元/m³；公路运价为 0.50 元/(m³·km)，装卸费为 8 元/m³。

(2) 运输保险费费率为 0.2%。

(3) 装载系数为 0.80。

求木材的材料预算价格。

16. 某水利枢纽工程所用 0$^\#$、10$^\#$ 柴油由中石油公司供应，供应比例 7∶3，由铁路运输 1000km，再由汽车油罐车运输 100km 至工地分仓库。已知条件为：①出厂价：0$^\#$ 柴油价格为 7150 元/t，10$^\#$ 柴油 7380 元/t；②铁路综合运价为 0.25 元/(t·km)，油罐车综合运价为 0.80 元/(t·km)；③运输保险费费率为 1%。试计算柴油的综合预算价格。

任务 4.2 混凝土及砂浆材料单价计算

1. 某大坝内部采用 C25 掺粉煤灰混凝土（粉煤灰掺量为 20%，取代系数为 1.3），混凝土为四级配，180d 龄期。混凝土用 P.O 42.5 水泥。已知混凝土各组成部分材料的预算价格为：P.O 42.5 水泥 470 元/t，中砂 130 元/m³，碎石 150 元/m³，水 0.8 元/m³，粉煤灰 320 元/t，外加剂 5.5 元/kg。试计算该混凝土的材料预算单价。

2. 某水利工程中所采用的混凝土有多种，其中 C20 二级配混凝土材料的组成为：P.O 42.5 水泥 500 元/t，中砂 105 元/m³，碎石 115 元/m³，水 1.1 元/m³。试计算该混凝土材料的预算单价。

3. 某水利枢纽工程引水隧洞混凝土衬砌，设计选用 60d 龄期的 C30 二级配混凝土，混凝土采用 P.O 42.5 级普通硅酸盐水泥。已知混凝土各组成材料的预算价格为：P.O 42.5 级普通硅酸盐水泥 470 元/t，粗砂 85 元/m³，卵石 95 元/m³，施工用水 0.9 元/m³。试计算该引水隧洞混凝土材料的预算单价。

4. 某埋石混凝土工程，埋石率为 10%，混凝土设计标准为 90d 龄期 C25 三级配，混凝土用 P.O 42.5 普通硅酸盐水泥。已知混凝土各组成材料的预算价格为：P.O 42.5 普通硅酸盐水泥 450 元/t，中砂 95 元/m³，碎石 130 元/m³，水 0.8 元/m³，块石 190 元/m³。试计算该纯混凝土的材料预算单价（预算价和价差）。

5. 某埋石混凝土工程，埋石率为 12%，混凝土为 $C_{90}25$，三级配，人工拌和，32.5 级普通硅酸盐水泥。材料预算价格为：32.5 级普通硅酸盐水泥 425 元/t，细砂 180 元/m³，碎石 175 元/m³，水 0.8 元/m³，外加剂 8 元/kg，块石 110 元/m³。试计算该埋石混凝土的材料预算单价。

6. 计算 M7.5 水泥砂浆单价。已知采用 42.5 级普通水泥单价为 455 元/t，细砂 180 元/m³，水 1.8 元/m³。

任务 4.3　施工机械台时单价计算

1. 试计算 40m³ 固定式空压机的机械台时费。已知该水利引水工程位于辽宁省抚顺市，施工用电预算单价为 1.5 元/(kW·h)，柴油预算单价为 7.7 元/kg。写出计算过程并将结果填入表 4.3-1 中。

表 4.3-1　　　　　　　　施工机械台时费计算表

定额编号	名称及规格	施工机械台时费		其　　中				
		预算价	价差	折旧费/元	修理及替换设备费/元	安装拆卸费/元	人工费	燃料动力费

2. 湖南省郴州市永兴县的一河道治理工程，在石方开挖运输时初步拟定采用 10t 自卸汽车运石渣。已知施工用电预算单价为 1.05 元/(kW·h)，汽油预算单价为 7670 元/t，柴油预算单价为 7350 元/t。试计算其施工机械台时费。

3. 试计算 2m³ 液压单斗挖掘机机械台时费，已知该水利枢纽工程位于贵州省遵义县，施工用电预算单价为 0.95 元/(kW·h)，柴油预算单价为 6.93 元/kg，汽油预算单价为 7.28 元/kg。

4. 查《水利工程施工机械台时费定额》，计算 50MPa 高压油泵的机械台时费。已知该工程为山西省大同市大同县的某河道治理工程，根据造价管理部门的规定，施工用电预算价格为 1.35 元/(kW·h)，柴油预算价格为 7.56 元/kg。

5. 查《水利工程施工机械台时费定额》，计算 KH180MHL-800 型液压抓斗的机械台时费。已知该工程为青海省海南藏族自治州共和县的某引水工程；该工程施工用电预算单价为 0.835 元/(kW·h)，柴油预算单价为 6530 元/t，汽油预算单价为 6835 元/t。

6. 查《水利工程施工机械台时费定额》，计算某灌溉工程中所用的轴流通风机（14kW）的机械台时费。已知该灌溉工程设计流量为 4.2m³/s，工程所在地为广东省新会市，柴油预算单价为 7.90 元/kg，电预算单价为 0.9 元/(kW·h)，一类费用的调整系数为 1.05。

7. 查《水利工程施工机械台时费定额》，计算衬砌后断面面积为 40m² 的钢模台车的机械台时费。已知该工程为安徽省金寨县的某枢纽工程；根据造价管理部门的规定，一类费用调整系数为 1，施工用电预算单价为 0.835 元/(kW·h)，柴油预算单价为 7.40 元/kg。

8. 计算 2.0t 载重汽车的机械台时费。已知该水利供水工程位于重庆市渝北区；根据造价管理部门的规定，一类费用调整系数为 1.05，施工用电预算单价为 0.84 元/(kW·h)，柴油预算单价为 6.40 元/kg，汽油预算单价为 7.40 元/kg。

9. 计算某灌溉工程刨毛机的机械台时费。已知该灌溉工程设计流量为 4.9m³/s，工程所在地为江西省新余市，柴油预算单价为 7.90 元/kg，一类费用的调整系数为 1.05。

10. 计算挖砂生产率为 60m³/h 的绞吸式挖泥船的机械台时费。已知该工程为云南省永善县的某河道治理工程；该工程施工用电预算单价为 1.04 元/(kW·h)，柴油预算单价为 7565 元/t，汽油预算单价为 8236 元/t。

11. 计算刨毛机的台时费基价。已知该水电站工程位于四川省甘孜藏族自治州康定县，柴油预算单价为 7.56 元/kg，电价为 0.915 元/(kW·h)。

12. 计算山东省某引水工程设计衬砌后洞径为 6m 的隧洞工程中所使用的针梁模板台车的机械台时费。已知施工用柴油预算价 7.50 元/kg，汽油预算价 7.90 元/kg，用电预算价 1.36 元/(kW·h)。

任务 5 建筑安装工程单价、分部设计概算编制

结合全国水利职业院校技能大赛"水利工程造价赛项竞赛大纲及规程"的要求采用 Excel 表格完成。

任务 5.1 编制某河道堤防工程除险加固项目工程单价及分部设计概算

5.1.1 项目资料
5.1.1.1 项目背景

江西省某河堤除险加固工程，施工时有公路可直达施工区，陆路运输较为方便。施工期间外来器材及物资均可通过公路运输到达施工现场。

1. 主要施工项目

本工程主要施工项目有：加高加固堤防 12.085km；拆除改建防滑预制混凝土护坡 4.9km，拆除重建防滑预制块混凝土护坡 1.1km；草皮护坡 12.085km；抛石固脚 0.4km；干砌块石护岸 2.14km；堤身深层搅拌桩防渗墙 4.34km；压浸 0.07km；填塘固基 0.1km；新建堤顶混凝土防汛道路 12.085km；新建防汛道路（沙港堤段）1.886km；建筑物共 4 座，其中拆除重建 2 座、加固改造 1 座、拆除 1 座；蚁害治理堤线长度为 12.085km。

2. 施工特点

本工程土方项目施工沿堤线分布，工作面分散，并且施工方法简单，施工机械化程度高，施工布置及安排都较简便；穿堤建筑物施工项目相对集中，施工方法相对复杂，同时存在多工种交叉施工作业，须事先做好相关工序的施工安排，加强现场施工管理，尽量减少施工干扰。

本工程施工受季节性影响明显，应注意根据水文气象情况，合理安排和适时调整各项目施工时段。

3. 建筑材料供应条件

本工程主要建筑材料包括：水泥、钢材、油料及土料、砂砾石、块石料等。其中，钢材、水泥及油料于工程所在地相关市场购买，水泥应根据环境、水对混凝土的不同腐蚀性，采购相应的抗腐蚀性水泥。

4. 土料场概况

土料场岩性为第四系中更新统残积层黏土，紫红色，稍湿，黏结力强，呈硬塑状；面积约为 37.5 万 m^2，无用层厚度约 0.5m，无用层体积 18.75 万 m^3，有用层平均厚度约 2.0m，有用层储量约 75.0 万 m^3。所取试样参数分析：其天然含水率

为22.3%，最优含水率为21.3%，设计干密度为1.64～1.65g/cm³，黏粒含量为34.5%～38.6%，塑性指数为17.6～18.3，土料达设计干密度时的渗透系数为$(2.80\sim3.91)\times10^{-6}$cm/s。开采运输距离较远，平均运距约28km。

5.1.1.2 主体工程施工方法

1. 土方开挖

采用2m³挖掘机挖装10t自卸汽车，运输4.8km至弃渣场弃料，Ⅲ类土。

2. 排水沟石方开挖

排水河底宽1m，岩石级别为Ⅷ级，采用2m³挖掘机挖装10t自卸汽车，运输4.8km至弃渣场弃料。

3. 堤身土方填筑

堤身填土所需土料到土料场获取。覆盖层清除：74kW推土机推（Ⅱ类土），推运距离为90m；土料开采运输：2m³挖掘机挖装，15t自卸汽车运输28km；压实：人工配合推土机摊铺平料，振动碾碾压密实。

4. 模板制作安装

混凝土底板基础为岩基，模板采用标准钢模板。

5. 混凝土底板浇筑

混凝土底板（C25-42.5，三级配）厚度为150cm，土质地基；混凝土采用0.4m³混凝土搅拌机拌制，由1t机动翻斗车运输100m入仓，1.1kW插入式振捣器振捣。

6. C15混凝土防滑预制块护坡

混凝土防滑预制块厚度为10cm，采用M10水泥砂浆勾缝。预制构件：采用现场预制（C15混凝土-32.5，二级配），人工抬运装车，手扶拖拉机运输200m至铺砌施工现场，人工卸车，人工抬运至护坡工作面，人工分散铺砌。

7. C25水泥混凝土路面

沙湖山圩堤顶路面采用C25水泥混凝土路面，压实厚度为20cm。

8. 安装工程

带形铜母线，截面面积为800mm²。

9. 钢筋混凝土拆除

采用1m³液压岩石破碎机拆除，2m³挖掘机挖装8t自卸汽车，运输2km弃渣。

5.1.1.3 编制依据

编制依据《水利工程营业税改征增值税计价依据调整办法》（办水总〔2016〕132号）、《水利部办公厅关于调整水利工程计价依据增值税计算标准的通知》（办财务函〔2019〕448号）、水利部以水总〔2014〕429号文件颁布的《水利工程设计概（估）算编制规定》、2002年颁布的《水利建筑工程概算定额》、1999年颁布的《水利水电设备安装工程概算定额》、2002年颁布的《水利工程施工机械台时费定额》及2005年颁布的《水利工程概预算补充定额》等的有关规定。

5.1.1.4 其他资料

1. 材料预算单价（不含税价格）

材料预算单价（不含税价格）见表5.1-1。

表5.1-1　　　　　材料预算单价表（不含税价格）

序号	名称及规格	单位	预算单价/元	序号	名称及规格	单位	预算单价/元
1	柴油	kg	8.72	19	乙炔气	m^3	12.80
2	汽油	kg	10.15	20	铜母线≤800mm^2	m	100.00
3	电	kW·h	0.80	21	镀锌螺栓 M10～M16	套	2.20
4	炸药	kg	8.70	22	铁构件	kg	4.80
5	合金钻头	个	45.00	23	水泥 32.5	t	360.00
6	碎石	m^3	90.00	24	氧气	m^3	5.00
7	水泥 42.5	t	380.00	25	锯材	m^3	1000.00
8	水	m^3	0.80	26	型钢	kg	6.60
9	电焊条	kg	6.60	27	伸缩节 MS-100×10	只	50.00
10	预制混凝土柱	m^3	500.00	28	铝焊条	kg	9.00
11	中砂	m^3	80.00	29	穿墙套管	个	12.00
12	油漆	kg	5.00	30	焊锡	kg	8.00
13	氩气	m^3	12.00	31	母线金具	套	20.00
14	卡扣件	kg	6.50	32	粗砂	m^3	80.00
15	镀锌扁钢	kg	8.00	33	火雷管	个	5.00
16	绝缘子 ZA-6T	个	10.00	34	导火线	m	1.00
17	铁件	kg	4.80	35	风	m^3	0.3
18	组合钢模板	kg	10.00				

2. 相关费率取值

（1）其他直接费、间接费取费标准（除冬雨期施工增加费不计冬期施工增加费外，其余费率取上限）。

（2）利润率和税率依据现行有关规定取值。

5.1.2 建筑及安装工程单价计算

①土方开挖单价；②石方开挖单价；③堤防填筑工程单价；④模板工程单价；⑤混凝土底板工程单价；⑥混凝土防滑预制块护坡工程单价；⑦混凝土路面工程单价；⑧安装工程单价；⑨钢筋混凝土拆除工程单价。

5.1.3 各部分投资计算

完成表5.1-2～表5.1-5。

表5.1-2　　　　　建 筑 工 程 概 算 表

序号	工程或费用名称	单位	数量	单价/元	合计/万元
	第一部分 建筑工程				
一	堤防工程				
（一）	堤身加高、培厚				
（1）	土方开挖（弃运4.8km）	m^3	14515		

续表

序号	工程或费用名称	单位	数量	单价/元	合计/万元
(2)	土方填筑（利用料）	m³	5918	5.69	
(3)	土方填筑（外运料，滩地料场，7.0km）	m³	65175	24.56	
(4)	土方填筑（外运料，28km）	m³	320437		
(5)	清基土方（弃运3.5km）	m³	106899	16.88	
(6)	破旧房屋拆除	m²	1203	79.27	
(二)	护坡（岸）工程				
1	护坡				
(1)	C15混凝土防滑预制块护坡	m³	15250		
(2)	砂砾石垫层	m³	19063	261.48	
(3)	现浇C25混凝土底板	m³	4712		
(4)	沥青栅板	m²	2045	123.49	
(5)	草皮护坡	m²	247102	14.91	
(6)	钢筋混凝土拆除	m³	5080		
(7)	模板	m²	11780		
2	护岸				
(1)	干砌块石护坡、护岸	m³	8156	252.31	
(2)	砂砾石垫层	m³	2039	261.48	
(3)	抛石	m³	3976	203.66	
(三)	堤身（基）防渗工程				
(1)	深搅防渗墙	m²	38163	97.15	
(2)	填塘	m³	2654	16.12	
(3)	压浸	m³	2701	16.12	
(四)	蚁害治理工程				
(1)	蚁害治理堤线长度	km	12.085	50000	
二	堤顶路面				
(一)	沙湖山圩				
(1)	堤顶C25混凝土路面（压实厚度20cm）	m³	12448		
(2)	水泥稳定碎石基层	m³	13692	338.90	
(3)	上堤道路路基土方填筑（外运料4.5km）	m³	12713	21.05	
(4)	接缝钢筋	t	89	6286.51	
(5)	沥青栅板	m²	144	123.49	
三	其他建筑工程				
(1)	圩堤亮化工程	项	1	1540000.00	
四	房屋建筑工程				
(一)	管理用房				

续表

序号	工程或费用名称	单位	数量	单价/元	合计/万元
(1)	办公用房	m²	168	1600.00	
(2)	生产用房	m²	500	1500.00	
(二)	生产、生活区绿化面积	m²	210	200.00	

表 5.1-3　　　　　机电设备及安装工程概算表

序号	名称及规格	单位	数量	单价/元 设备费	单价/元 安装费	合计/万元 设备费	合计/万元 安装费
	第二部分 机电设备及安装工程						
一	泵站设备及安装工程						
1	立式轴流泵 700ZLB-70 型	台	2	15000	2250		
2	电动机 YX3-355M2-8 型 N=160kW	台	2	18000	2700		
3	浮箱式拍门 DN900 0.6MPa	套	2	1575	236.25		
4	电气设备及安装工程						
	低压开关柜 GGD1-05	面	2	2322	348.3		
	带型铜母线						

表 5.1-4　　　　　金属结构设备及安装工程概算表

序号	名称及规格	单位	数量	单价/元 设备费	单价/元 安装费	合计/万元 设备费	合计/万元 安装费
	第三部分 金属结构设备及安装工程						
一	闸门设备及安装工程						
1	进水闸检修闸门门体	t	5	10000	1986.47		
2	进水闸检修闸门埋件	t	5	11000	3638.50		
二	拦污设备及安装工程						
1	进水闸拦污栅栅体	t	4	8500	560.69		
2	进水闸拦污栅栅槽	t	3	8800	3304.00		
三	启闭设备及安装工程						
1	螺杆启闭机 QL-150SD	台	1	18000	5519.68		
2	电动葫芦 MD50-9D	台	1	3500	900		
四	金结防腐工程						
1	喷锌	m²	400	180			

表 5.1-5　　　　　施工临时工程概算表

序号	工程或费用名称	单位	数量	单价/元	合计/万元
	第四部分 施工临时工程				
一	导流工程				
	均质围堰（利用料）	m³	5828	66.45	
	围堰拆除（弃渣 3.5km）	m³	5828	25.24	
二	施工交通工程				

续表

序号	工程或费用名称	单位	数量	单价/元	合计/万元
	泥结石道路（双车道）	km	3.5	100000.00	
	泥结石道路（单车道）	km	1.5	50000.00	
三	施工房屋建筑工程				
1	施工仓库	m²	280	200.00	
2	办公生活及文化福利建筑	%			
四	其他施工临时工程	%			

说明：办公、生活及文化福利建筑及其他施工临时工程计算时，工期为22个月，所有区间取值除可以根据条件确定数值的以外，其余均取最大值计算。

5.1.4 对指定项目中指定材料的用量进行分析计算

试分析 15250m³ 混凝土防滑预制块护坡 C15 二级配（中砂、碎石）中，32.5 级水泥、中砂、碎石的材料用量。

5.1.5 独立费用计算

某水利枢纽工程一至四部分工程投资见表 5.1-6。

表 5.1-6　　　某水利枢纽工程一至四部分工程投资　　　单位：万元

(1)	建筑工程	41287	(4)	金属结构设备费	789
(2)	机电设备费	2623	(5)	金属结构设备安装费	1365
(3)	机电设备安装费	642	(6)	施工临时工程	3639

注：该工程安装 4 台 3 万 kW 的水轮发电机组（型号相同），290 万元/台套。

将独立费用计算出来，填入表 5.1-7。

表 5.1-7　　　独立费用概算表

序号	工程或费用名称	单位	数量	单价/元	合计/万元
	第五部分　独立费用				
一	建设管理费				
二	工程建设监理费				380
三	联合试运转费				
四	生产准备费				
1	生产及管理单位提前进厂费				
2	生产职工培训费				
3	管理用具购置费				
4	备品备件购置费				
5	工器具及生产家具购置费				
五	科研勘测设计费				
1	工程科学研究试验费				
2	工程勘测设计费				698
六	其他				
1	工程保险费				

续表

序号	工程或费用名称	单位	数量	单价/元	合计/万元
2	其他税费				0.00
	合计				

说明：该工程费率取值按编规规定执行，工器具及生产家具购置费率取中值，其余费率取上限。

扫二维码，可下载任务 5.1 工程量清单。

任务 5.2　编制某引水工程概算工程单价及分部设计概算

5.2.1　项目资料

1. 项目背景

江西某引水工程位于赣州市外 30km 处，设计引水流量 10m³/s。该引水工程主要由输水管道、引水隧洞、小泵站、水闸等工程组成。工程建设任务以农业灌溉为主。

施工组织设计（部分）如下。

（1）输水渠道土方开挖：砂砾石开挖，采用 2m³ 挖掘机挖土，装 8t 自卸汽车运至料场堆放，平均运距为 3.2km。

（2）石方开挖：圆形隧洞开挖，设计开挖断面为 60m²，总长 2.5km，双向掘进，隧洞进口端长度占隧洞总长的 40%，出口端长度占隧洞总长的 60%；岩石等级为Ⅺ级，采用风钻钻孔，电力起爆，平均孔深为 10m；石渣运输采用 3m³ 装载机装 18t 自卸汽车，弃渣场距隧洞进出口平均运距为 1.8km。

（3）输水管道止水：采用铜片止水。

（4）土方填筑：一般土料压实采用 6t 羊角碾，自料场直接运输至水闸，土料干密度为 17kN/m³；覆盖层清除：74kW 推土机推Ⅱ类土，推运 90m，覆盖层清除摊销率为 5%；土料开采运输：2m³ 挖掘机挖装Ⅲ类土，15t 自卸汽车运输 28km。

（5）砌筑工程：水闸进出扭面翼墙采用 M7.5 砂浆浆砌块石。

（6）模板工程：分水闸闸底板浇筑模板采用标准钢模板。

（7）分水闸闸底板浇筑：底板基础为岩基，浇筑厚度 1m，施工采用 C25 普通混凝土（P.O32.5 水泥，三级配）；混凝土拌制采用 2×1.0m³ 自落式搅拌楼拌制碾压混凝土；采用 5t 自卸汽车运输 0.5km。

（8）钢筋制安：钢筋在施工现场加工厂加工，以机械加工为主。

（9）钻孔灌浆：对衬砌后的引水隧洞进行固结灌浆，自上而下施工，采用 150 型地质钻机钻孔，岩石等级为Ⅺ级，透水率为 8Lu，孔深 15m。

（10）平洞支护：该工程的平洞支护为无钢筋喷射混凝土，采用 42.5 级水泥，喷射厚度为 15cm。

（11）锚固工程：地下隧洞锚固采用 3m 药卷锚杆，锚杆直径为 25mm，风钻钻孔。

（12）安装工程：引水隧洞内安装 8t 平板焊接闸门；安装带形铜母线，截面面积为 800mm²。

2. 编制依据

《水利工程设计概（估）算编制规定》（水总〔2014〕429号）、《水利工程概预算补充定额》、《水利建筑工程概算定额》、《水利水电设备安装工程概算定额》、《水利工程施工机械台时费定额》、《水利工程营业税改征增值税计价依据调整办法》（办水总〔2016〕132号）、水利部办公厅《关于调整水利工程计价依据增值税计算标准的通知》（〔2019〕448号文）。

说明：本工程隧洞多，施工条件复杂；考虑冬期施工增加费；工程砂石料外购，施工年限2年，区间费率均取最大值。

3. 材料预算价格

本工程所用材料预算单价见表5.2-1。

表5.2-1　　　　　　　材料预算单价汇总表

序号	名称及规格	单位	预算价/元	序号	名称及规格	单位	预算价/元
1	柴油	kg	6.49	28	电焊条	kg	7.2
2	风	m³	0.125	29	汽油	kg	6.375
3	水	m³	0.85	30	组合钢模板	kg	8.5
4	电	kW·h	0.875	31	型钢	kg	7.5
5	合金钻头	个	75	32	卡扣件	kg	6
6	炸药	kg	7.45	33	铁件	kg	5.8
7	火雷管	个	1.7	34	预制混凝土柱	m³	375
8	电雷管	个	1.5	35	金刚石钻头	个	180
9	导火线	m	1.2	36	扩孔器	个	20
10	导电线	m	1.4	37	岩芯管	m	13
11	块石	m³	75	38	钻杆	m	15
12	水泥32.5	t	325	39	钻杆接头	个	10
13	中砂	m³	80	40	钢板	kg	8
14	碎石	m³	65	41	氧气	m³	6.5
15	药卷	m	12	42	乙炔气	m³	9.5
16	钢筋Φ22	t	3150	43	汽油70#	kg	5.875
17	钢筋	t	2960	44	油漆	kg	7.4
18	铁丝	kg	4.2	45	棉纱头	kg	3.5
19	镀锌扁钢	kg	5.6	46	母线金具	套	24
20	镀锌螺栓M10-16	套	1.1	47	铝焊条	kg	7.2
21	焊锡	kg	22	48	氩气	m³	5.8
22	铝母线	m³	9	49	穿墙套管	个	19
23	绝缘子ZA-6T	个	14	50	铁构件	kg	5
24	伸缩节MS-100×10	只	19.5	51	沥青	t	3200
25	木柴	kg	0.3	52	紫铜片厚15mm	kg	2
26	铜电焊条	kg	43	53	小石	m³	90
27	速凝剂	kg	1				

5.2.2 计算建筑及安装工程概算单价

①管沟土方开挖工程单价；②隧洞石方开挖工程单价；③输水管道止水工程单价；④土方填筑工程单价；⑤砌石工程单价；⑥闸底板模板工程单价；⑦水闸混凝土浇筑工程单价；⑧钢筋制安工程单价；⑨钻孔灌浆工程单价；⑩平洞支护工程单价；⑪锚固工程单价；⑫闸门安装工程单价；⑬母线安装工程单价。

5.2.3 编制分部工程设计概算

分部工程设计概算编制见表5.2-2～表5.2-6。

表 5.2-2　　　　　　　　建 筑 工 程 概 算 表

编号	名　　称	单位	数量	单价/元	合价/万元
	第一部分　建筑工程				
一	管道工程				
1	土方开挖	m³	8780		
2	石方开挖	m³	2580	85.72	
3	土石方回填	m³	3230	35.60	
4	输水管道	m	862	1580.88	
5	管道止水	m	384		
二	建筑物工程				
（一）	隧道工程				
1	平洞石方开挖	m³	680		
2	C25衬砌混凝土	m³	302	368.22	
3	钢筋制作安装	t	41.8		
4	隧洞固结灌浆	m	190		
5	平洞支护	m³	800		
6	锚杆支护	根	750		
7	细部结构				
（二）	水闸工程				
1	土方开挖	m³	3842	65.47	
2	土方填筑	m³	1988		
3	翼墙M7.5砂浆浆砌块石	m³	205		
4	闸墩混凝土C20	m³	456	238.55	
5	闸底板混凝土C25	m³	380		
6	模板	m²	180		
7	细部结构				
三	交通工程				201.38

25

续表

编号	名称	单位	数量	单价/元	合价/万元
四	房屋建筑工程				342.50
五	其他建筑工程				126.44

表 5.2-3　　　　　机电设备及安装工程概算表

序号	规格及名称	单位	数量	单价/元 设备费	单价/元 安装费	合计/万元 设备费	合计/万元 安装费
	第二部分 机电设备及安装工程						
一	泵站设备及安装工程					197.19	59.76
二	水闸设备及安装工程					78.55	16.45
三	其他设备及安装工程					26.65	9.85

表 5.2-4　　　　　金属结构设备及安装工程概算表

序号	规格及名称	单位	数量	单价/元 设备费	单价/元 安装费	合计/万元 设备费	合计/万元 安装费
	第三部分 金属结构设备及安装工程						
一	水闸工程						
(一)	闸门设备及安装工程						
1	平板焊接闸门	t	32.00	14000			
2	闸门埋设件	t	16.00	6800	160		
3	母线安装	100m/单相	300.00	1800			
(二)	启闭设备及安装工程						
1	油压式启闭机	台	1.00	13500	48000		
(三)	拦污设备及安装工程						
1	拦污栅	t	5.00	6500	3200		
二	其他设备及安装工程					29.50	4.50

表 5.2-5　　　　　施工临时工程概算表

序号	规格及名称	单位	数量	单价/元	合计/万元
	第四部分 施工临时工程				
一	导流工程				
(一)	导流明渠工程				
1	土方开挖	m³	15500	19.95	
(二)	围堰工程				
1	堰体填筑	m³	5570	68.58	
2	堰体拆除	m³	5570	8.20	
二	施工供电工程				1.75

续表

序号	规格及名称	单位	数量	单价/元	合计/万元
三	施工房屋建筑工程				
1	施工仓库	m²	180	600.00	
2	办公、生活及文化福利建筑				
四	其他施工临时工程				

表 5.2-6　　　　　　　独 立 费 用 概 算 表

序号	工程或费用名称	单位	数量	单价/元	合计/万元
	第五部分 独立费用				
一	建设管理费				
二	工程建设监理费				835.80
三	联合试运转费				
四	生产准备费				
1	生产及管理单位提前进厂费				
2	生产职工培训费				
3	管理用具购置费				
4	备品备件购置费				
5	工器具及生产家具购置费				
五	科研勘测设计费				
1	工程科学研究试验费				
2	工程勘测设计费				1280
六	其他				
1	工程保险费				
2	其他税费				0
	合　计				

5.2.4　对指定项目中指定材料的用量进行分析计算

试分析建筑工程380m³闸底板，底板基础为岩基，浇筑厚度为4m的C25混凝土项目中的水泥用量。

5.2.5　完成总概算表

某引水工程总概算见表5.2-7。已知：基本预备费费率为5%，年物价指数为6%，融资利率为7.70%，各施工年份融资额占当年投资比例的70%。不考虑预付款和保留金，即均用分年度投资表计算。

表 5.2-7　　　　　　　工 程 总 概 算 表

序号	工程或费用名称	建设工期/年 1	建设工期/年 2	建设工期/年 3	合计/万元
一	建筑工程	2000	6000	1000	9000
二	机电设备及安装工程	50	200	150	400

续表

序号	工程或费用名称	建设工期/年 1	建设工期/年 2	建设工期/年 3	合计/万元
三	金属结构设备及安装工程	20	50	30	100
四	施工临时工程	10	50	20	80
五	独立费用	220	50	30	300
六	一至五部分合计	2300	6350	1230	9880
	基本预备费				
	静态总投资				
	价差预备费				
	建设期融资利息				
	总投资				

扫二维码，可下载任务5.2工程量清单。

任务5.3 编制某水利枢纽工程概算工程单价

5.3.1 项目背景

某水利枢纽工程，由混凝土溢流坝、混凝土非溢流坝、泄洪洞、发电引水隧洞、电站厂房、变电站及输电线路工程等组成。该工程位于四川省若尔盖县，水利枢纽工程位于县城镇以外。拦河坝底部高程海拔为1850m，平均坝高为200m。该工程的相关单价对应的工程施工方法如下：

(1) 砂砾石开挖工程。一期基坑砂砾石采用$3m^3$挖掘机开挖，15t自卸汽车运输，利用料（35%）平均运距为0.5km，弃料（65%）平均运距为6km。

(2) 石方开挖工程。混凝土溢流坝基坑石方开挖，潜孔钻钻孔（开挖深度为10m），岩石等级为Ⅸ～Ⅹ级，石渣的运输采用$3m^3$挖掘机装15t自卸汽车运输6.3km弃渣。

(3) 砌石工程。计算M7.5浆砌块石基础工程单价。

(4) 混凝土工程。该枢纽工程的厂房宽度为22m，衬砌厚度为130cm的地下厂房混凝土C25（三级配）—42.5衬砌，采用2×$1.0m^3$搅拌楼拌制，5t自卸汽车运输，交通隧洞长1.5km，搅拌站距隧洞进口3km，混凝土泵入仓浇筑。

(5) 钢筋工程。混凝土溢流坝钢筋制作与安装的概算单价。

(6) 模板工程。混凝土溢流坝采用悬臂组合钢模。

(7) 大坝帷幕灌浆工程。发电厂房的廊道内岩石层帷幕灌浆，廊道高为5m，岩石等级为ⅩⅣ级，平均孔深80m，自上而下灌浆法，三排灌浆，透水率为9Lu，水泥用量8t/100m。

(8) 锚固工程。地下砂浆锚杆（液压履带钻钻孔），水泥砂浆M25，钢筋采用

Φ28，锚杆长8m，岩石等级为Ⅹ级。

（9）设备安装工程。计算该工程的水力机械辅助设备（设备出厂价为150万元）水系统的安装工程概算单价，该工程的人工费费率调整系数为1.03。

（10）伸缩缝工程：采用沥青油毛毡，一毡二油。

（11）喷浆工程：混凝土地面喷浆，无钢筋，厚度为3.5cm。

5.3.2 材料预算价格

本水利枢纽工程所用材料预算单价见表5.3-1。

表5.3-1　　　　　　　　材料预算单价汇总表

序号	材料名称及规格	单位	预算价/元	序号	材料名称及规格	单位	预算价/元
1	合金钻头	个	280.00	26	锯材	m^3	1450.00
2	潜孔钻钻头100型	个	190.00	27	氧气	m^3	7.50
3	炸药	kg	15.23	28	钢筋Φ22	t	3850.00
4	雷管	个	5.00	29	镀锌螺栓	套	8.00
5	导火线	m	1.60	30	铁构件	kg	4.8
6	导电线	m	1.05	31	电雷管	个	5.00
7	潜孔钻钻头80型	个	150.00	32	电	kW·h	0.85
8	冲击器	套	2200	33	液压钻钻头$\phi64\sim102$	个	85.00
9	块石	m^3	130.00	34	汽油	kg	8.20
10	铁丝	kg	4.50	35	铁件	kg	5.00
11	钢筋	t	4350	36	沥青	t	3500
12	电焊条	kg	7.50	37	型钢	t	4600.00
13	水	m^3	0.90	38	防水粉	kg	15
14	组合钢模板	kg	5.20	39	扩孔器	个	80.00
15	油漆	kg	8.50	40	油毛毡	m^2	55
16	金刚石钻头	个	130.00	41	钻杆接头	个	90.00
17	卡扣件	kg	5.50	42	木材	t	1500
18	钻杆	m	50.00	43	预制混凝土柱	m^3	435.81
19	岩芯管	m	30.00	44	棉纱头	kg	11.15
20	空心钢	kg	5.8	45	柴油	kg	7.84
21	水泥（综合）	t	365.00	46	风	m^3	0.3
22	粗砂	m^3	118.00	47	卵石	m^3	130
23	钢板	kg	4.90	48	骨料系统	组时	230
24	乙炔气	m^3	13.50	49	水泥系统	组时	180
25	锚杆附件	kg	6.00				

5.3.3 混凝土（砂浆）材料预算价格及机械台时费

混凝土（砂浆）材料预算价格及机械台时费根据已知条件自行计算。

5.3.4 相关费率取值

计算冬雨期施工增加费。除编规明确规定外，其余区间取值均取最大值。

任务6 设备费计算

结合全国水利职业院校技能大赛"水利工程造价赛项竞赛大纲及规程"的要求，采用 Excel 表格完成。

1. 某大型水电站购买的水轮发电机组，由公路运输 500km 到工地安装现场，水轮发电机组的出厂价格为 600 万元/台，运输保险费费率为 0.4%，水轮机的透平油为 40t，透平油的单价为 15 元/kg，现场拼装费用 30 万元/台。试计算水轮发电机组的设备费。

2. 某水利枢纽工程采购 120000kV·A 主变压器一台，出厂价格为 300 万元/台，变压器的充氮费用为 6 万元，每台变压器用变压器油 35t，变压器油的单价为 30 元/kg，由铁路运输 1000km，再经公路由汽车运输 300km 到工地现场，运输保险费费率为 0.5%。试计算主变压器的设备费（单位：万元）。

3. 某水利枢纽工程采购 100000kV·A 主变压器 4 台，出厂价格为 200 万元/台，变压器的充氮费用为 8 万元/台，由汽车运输 580km 到工地现场，运输保险费费率为 0.4%，采购及保管费费率执行现行部颁定额规定。试计算主变压器的设备费（单位：万元）。

4. 某大型水电站购买的闸门，由铁路运输 1000km，再由公路运输 150km 到工地安装现场，闸门的出厂价格为 11800 元/t，运输保险费费率为 1%。试计算闸门的设备费，区间费率取大值。

任务 7　编制某五河治理防洪工程设计概算

本节任务选自校企共建资源库，建议同时采用青山计价软件和 Excel 表格完成。

7.1　背景资料

某五河治理防洪工程，由水西片区防洪工程和城北片区防洪工程两部分组成，工程主要建设内容为新建 2.515km 防洪土堤、新建 3.877km 护岸及新建水西电排站的穿堤建筑物。

采用江西省赣州市最新材料信息价编制。

7.2　主体工程施工方法

7.2.1　土方开挖

主要为清基开挖、削坡开挖和齿槽开挖。清基、削坡采用反铲开挖，少量人工辅助，清基料由自卸汽车运输弃渣，削坡料就近直接利用。

7.2.2　堤身填筑

堤身填土首先利用削坡料，不足部分于土料场取土。自卸汽车运土至填土工作面，人工配合推土机摊铺平料，10～13t 振动碾碾压密实，部分大型设备施工不方便处，则采用蛙夯等小型设备夯实。填土施工前，应对土料进行开采、装运、卸料及碾压试验，同时进行土料含水量调整试验，取得现场碾压施工参数，在未进行试验前，暂按以下考虑：铺层厚度为 20～30cm，压实度不小于 0.90～0.93。在施工中应按要求检查及控制上堤土料含水量、填土压实施工质量等，并根据现场情况变化及时调整施工方法。

7.2.3　填塘

填塘料全部采用从外滩开采和清基料，推土机摊平，自然密实。

7.2.4　现浇混凝土

混凝土骨料外购进场，现场采用移动式搅拌机就近拌制混凝土，人力双胶轮车送混凝土入仓，人工平仓，振捣器捣实。混凝土入仓浇筑前，必须将仓内杂物和积水清除干净，并按设计要求进行浇筑，浇筑完后及时养护。混凝土的振捣时间以混凝土不再显著下沉，不出现气泡，并开始起浆为准。已浇好的混凝土，其抗压强度未达到规定要求，不得进行下一步工作。

7.2.5　浆（干）砌石

块石料外购进场，现场人工抬运块石至工作面，人工砌筑。砌石所用块石的材质、块径、厚度应满足有关技术要求。砌石时应尽量利用块石自然形态相互咬合，砌体层间应错缝搭接，砌筑要密实，表面应平整。浆砌石砂浆所用砂料外购到现场，搅拌机现场拌制砂浆，人工挑运砂浆至工作面，人工铺浆、勾缝。

7.2.6 抛石

抛石施工程序：划分网格→计算网格抛石方量→定位船定位→石驳船挂挡就位→石料质量、数量验收→人工抛投。抛投应从江中往岸边、从上游往下游的顺序抛石，抛投时应保证块石到位的准确性、均匀性和密实性。抛投完成后，进行水下测量，实测抛投质量。

7.2.7 草皮护坡

为防止草皮退化，选择用百喜草、狗牙根、马尼拉、高羊茅、结缕草、草地早熟禾、多年生黑麦草等混合草籽，撒播，播种量为 40kg/hm²，播种前用 1‰ 石灰水浸种 2h，然后用清水洗净。采用工人条播，将拌好的草籽均匀撒播，均匀覆盖 2～3cm 细土并压实。

7.2.8 生态护坡

生态护坡施工流程：平整坡面→施肥、撒草籽→铺设预制块→锚固→洒水养护。

（1）按设计要求坡度平整坡面，清除杂草、灌木等杂物。

（2）自上而下铺设预制块，预制块边缘应至少搭接 60mm，并在搭接处采用 U 形钉进行锚固。

（3）在坡底开挖一个宽 1m、深 0.3m 的锚固沟，将预制块沿沟底锚固，回填土料压实。

（4）定期洒水养护。

7.3 工程量清单

某五河治理防洪工程工程量清单见表 7.1-1。

表 7.1-1　　　　某五河治理防洪工程工程量清单

编号	工程或费用名称	单位	数量
	第一部分　建筑工程		
一	防洪堤工程		
1	土方开挖（清基）（弃渣 7km）	m³	8801
2	土方开挖（场内转运 500m 以内）	m³	24270
3	土方填筑（黄坊段运 8km）	m³	110526
4	土方填筑（水西段运 6.5km）	m³	56638
5	混凝土预制块生态护坡（含植草）	m²	7802
6	草皮护坡	m²	37164
7	C15 混凝土齿墙（压顶）	m³	308
8	C25 混凝土路面（厚 250）	m²	13204
9	开挖料填塘	m³	24270
10	模板（一般）	m²	616
二	护岸工程		
1	土方开挖（弃渣 7km）	m³	23531

续表

编号	工程或费用名称	单位	数量
2	清基（弃渣7km）	m³	10440
3	土方填筑（黄坊段运8km）	m³	13474
4	土方填筑（水西段运7km）	m³	7427
5	土方填筑（欧坊段运12km）	m³	7347
6	混凝土预制块生态护坡（含植草）	m²	28136
7	抛石固脚	m³	28845
8	M7.5砂浆浆砌石	m³	7755
9	C15混凝土垫层	m³	798
10	砂砾石混合料垫层	m³	3145
11	C15混凝土齿墙（压顶）	m³	571
12	模板（一般）	m²	2738
13	踏步工程		
(1)	M7.5砂浆浆砌石	m³	327
(2)	1:2.5水泥砂浆抹面	m²	1448
(3)	砂砾石垫层	m³	115
三	水西建筑物工程		
1	土方开挖（弃渣7km）	m³	4200
2	土方开挖（场内转运500m以内）	m³	1200
3	土方填筑（水西段运7km）	m³	2963
4	C20混凝土箱涵	m³	609
5	沥青杉板（δ=1mm）	m²	54
6	铜片止水	m	153
7	C20混凝土防洪闸井	m³	53
8	C20混凝土消力池	m³	45
9	干砌石护坦	m³	8
10	砂砾石垫层	m³	3
11	启闭房	m²	13
12	钢筋制安	t	80.60
13	C10混凝土垫层（100厚）	m³	52.00
14	M7.5浆砌石挡墙	m³	576.00
15	模板（涵洞）	m²	2436
16	模板（一般）	m²	300
四	其他建筑工程		
(一)	内外部观测工程		
1	测压管	根	

续表

编号	工程或费用名称	单位	数量
2	水尺	根	4
3	位移观测墩	个	12
4	观测基点	个	3
(二)	其他		
1	险工标牌	块	
2	里程碑	块	6
3	防洪亭	座	3
4	其他	项	1.0%
	第二部分 设备及安装工程		
一	观测办公设施		
1	经纬仪	台	1
2	S3水准仪	台	1
3	照相机	架	1
4	计算机	台	1
5	传真机	台	1
6	复印机	台	1
	第三部分 金属结构设备及安装工程		
一	闸门设备及安装		
1	铸铁闸门门体安装	t	2.1
2	铸铁闸门门体	扇	1
3	铸铁闸门门槽安装	t	0.7
4	铸铁闸门门槽	扇	1
	小计		
	综合运杂费用（6.44%）		
二	启闭设备及安装工程		
1	螺杆启闭机QL-300KN-SD	台	1
	小计		
	综合运杂费用（6.44%）		
	第四部分 施工临时工程		
一	导流工程		
(一)	围堰工程		
1	袋装土围堰填筑及拆除	m³	1200
2	袋装土围堰运渣（运7km）	m³	1200
3	黏土围堰填筑及拆除（运7km）	m³	5500
二	施工交通工程		

续表

编号	工程或费用名称	单位	数量
1	临时道路	km	6
三	施工房屋建筑工程		
1	施工仓库	m²	240
2	办公、生活及文化福利建筑		
四	其他施工临时工程		

扫二维码，可下载任务7工程量清单。

任务 8 编制某水库工程投资估算

本节任务选自校企共建资源库，建议同时用青山计价软件和 Excel 表格完成。

8.1 背景资料

江西省某水库的开发任务以灌溉为主、兼有供水功能，农田灌溉面积 3 万亩，供水人口约 5 万人，规模为中型水库。大坝选用混凝土重力坝型，由左、右岸非溢流坝和溢流坝组成。新建管线总长为 15km，灌溉管道由总干管、东干管、西干管组成。试采用最新材料信息价编制本项目投资估算。

8.2 工程量清单

某水库工程工程量清单见表 8.1-1。

表 8.1-1　　　　　工 程 量 清 单

编号	工程或费用名称	单位	数量
	第一部分　建筑工程		
一	大坝工程		
（一）	左岸非溢流坝工程		
1	土方开挖	m^3	3036
2	基础石方开挖	m^3	9336
3	坝体上游面 C25 混凝土	m^3	560
4	大坝基础 C20 混凝土	m^3	626
5	坝体 C15 混凝土	m^3	1586
6	灌溉进水口 C15 混凝土基础	m^3	152
7	灌溉进水口 C20 混凝土闸室	m^3	456
8	C25 混凝土流道	m^3	147
9	C20 混凝土镇墩	m^3	77
10	C20 混凝土坝顶人行道	m^3	9
11	C25 混凝土进水口启闭机架	m^3	12
12	M7.5 浆砌石台阶	m^3	15
13	M10 水泥砂浆抹面	m^2	80
14	砂砾石回填	m^3	44
15	钢筋制安	t	117.2
16	固结灌浆钻孔	m	150
17	固结灌浆	m	116
18	帷幕灌浆钻孔	m	246

续表

编号	工程或费用名称	单位	数量
19	帷幕灌浆	m	216
20	接触灌浆	m²	302
21	坝基钻孔排水	m	92
22	φ200坝体无砂混凝土排水管	m	245
23	镀锌栏杆	m	108
24	铜片止水	m	35
25	沥青杉板	m²	273
26	普通标准钢模板	m²	6755
27	普通曲面钢模板	m²	89
28	普通标准钢模板（板梁柱）	m²	137
29	细部结构	m³	3623
30	温控费用	m³	2771
(二)	右岸非溢流坝工程		
1	土方开挖（弃1km）	m³	1145
2	基础石方开挖（弃1km）	m³	10118
3	坝体上游面C25混凝土	m³	503
4	大坝基础C20混凝土	m³	564
5	坝体C15混凝土	m³	1397
6	C20混凝土坝顶人行道	m³	9
7	砂砾石回填	m³	20
8	钢筋制安	t	59.3
9	固结灌浆钻孔	m	150
10	固结灌浆	m	116
11	帷幕灌浆钻孔	m	167
12	帷幕灌浆	m	138
13	接触灌浆	m²	170
14	坝基钻孔排水	m	54
15	φ200坝体无砂混凝土排水管	m	251
16	镀锌栏杆	m	54
17	铜片止水	m	35
18	沥青杉板	m²	273
19	普通标准钢模板	m²	5109
20	细部结构	m³	2472
21	温控费用	m³	2463
(三)	溢流坝工程		

续表

编号	工程或费用名称	单位	数量
1	土方开挖（弃1km）	m^3	707
2	砂砾石开挖（弃1km）	m^3	2645
3	基础石方开挖（弃1km）	m^3	7568
4	坝体上游面C25混凝土	m^3	1704
5	大坝基础C20混凝土	m^3	2240
6	坝体C15混凝土	m^3	12372
7	坝体下游面C25混凝土	m^3	402
8	溢流堰面C30混凝土	m^3	2553
9	导流底孔进口C20混凝土基础	m^3	50
10	导流底孔进口C20混凝土闸墩	m^3	78
11	导流底孔C25混凝土流道	m^3	225
12	C25混凝土坝体边墙	m^3	839
13	C25混凝土闸墩	m^3	159
14	C25混凝土护坦	m^3	657
15	C25混凝土交通桥	m^3	119
16	C20混凝土坝顶人行道	m^3	17
17	C25混凝土桥面铺装层	m^3	24
18	块石回填	m^3	21
19	钢筋制安	t	447.0
20	固结灌浆钻孔	m	612
21	固结灌浆	m	471
22	帷幕灌浆钻孔	m	497
23	帷幕灌浆	m	452
24	坝基钻孔排水	m	191
25	ϕ200坝体无砂混凝土排水管	m	545
26	镀锌栏杆	m	102
27	铜片止水	m	93
28	沥青杉板	m^2	513
29	一般部位普通标准钢模板	m^2	20454
30	普通平面木模板（坝体）	m^2	300
31	普通标准钢模板（板梁柱）	m^2	672
32	普通曲面钢模板	m^2	119
33	溢流面滑模	m^2	1280
34	细部结构	m^3	21437
35	温控费用	m^3	16718

续表

编号	工程或费用名称	单位	数量
(四)	闸阀室及消力池工程		
1	引水管道闸阀室		
(1)	土方开挖	m³	197
(2)	石方开挖	m³	897
(3)	闸阀室	m²	38
(4)	C15混凝土基础	m³	159
(5)	C20混凝土闸室底板	m³	20
(6)	C20混凝土闸室边墙	m³	36
(7)	C20混凝土闸阀支墩	m³	5
(8)	钢筋制安	t	3.8
(9)	一般部位普通标准钢模板	m²	437
二	上坝公路		
1	土方开挖	m³	10158
2	一般石方开挖	m³	20381
3	土方回填（利用开挖料）	m³	381
4	C25混凝土路面（厚200mm）	m²	1901
5	碎石垫层	m²	2289
6	C15混凝土截排水沟	m³	49.5
7	草皮护坡	m²	267
8	乳化沥青填缝	m²	33
9	普通标准钢模板	m²	788
三	房屋建筑工程		
1	新建管理房（含装修）	m²	90
2	仓库	m²	60
3	生活福利建筑工程	项	1
4	室外工程	项	1
四	供电线路		
1	10kV线路	km	0.75
五	其他建筑工程		
1	内外部观测项目	项	1
2	水尺	组	3
3	水雨情土建设施		
(1)	C20桩基础	m³	1.50
(2)	中心站土建	m²	30
(3)	中心站装修	m²	30

续表

编号	工程或费用名称	单位	数量
4	坝区环境建设工程		
(1)	环境绿化	m²	1995
	第二部分　机电设备及安装工程		
一	大坝工程		
(一)	电气设备及安装工程	（节选）	
1	电力电缆		
(1)	ZR-VV22-1KV-3×35+1×16	km	0.3
2	控制电缆		
(1)	KVV2　24×1.5	km	0.6
3	钢芯铝绞线 JKLYJ-10/35	100m/三相	30
4	接地扁钢 50×6	t	2
	第三部分　金属结构设备及安装工程		
一	闸门设备及安装		
1	平面滑动钢闸门	t	6
2	平面滑动钢闸门埋件	t	2
3	取水口拦污栅	t	3
4	拦污栅埋件	t	1
二	启闭机设备及安装		
1	1×80kN 电动螺杆启闭机	台	1
2	1×30kN 电动葫芦	台	1
三	钢管制作及安装工程		
1	DN1000 钢管（10mm厚）	t	5
	第四部分　施工临时工程		
一	导流工程		
1	土方开挖	m³	1078.5
2	石方开挖	m³	1695
3	砂砾石开挖	m³	2982
4	砂砾石回填	m³	226.5
5	编织袋土石围堰填筑	m³	1550
6	编织袋土石围堰拆除	m³	1550
7	黏土围堰填筑	m³	2930
8	黏土围堰拆除	m³	2930
9	子围堰均质黏土填筑	m³	897
10	子围堰拆除	m³	897
11	C15 混凝土挡墙围堰	m³	1415

续表

编号	工程或费用名称	单位	数量
12	C15 混凝土挡墙围堰拆除	m³	1415
13	D50 UPVC 排水管	m	165
14	表面凿毛	m²	402
15	C20 混凝土封堵	m³	251
16	回填灌浆	m³	101
17	模板	m²	942
二	施工交通工程		
1	新建施工临时道路	km	5
三	临时房屋建筑工程		
1	施工仓库	m²	300
2	施工临时用房	m²	200
3	办公生活及文化福利建筑	项	1
四	其他临时工程		
1	其他临时工程	项	1

扫二维码，可下载任务 8 工程量清单。

8.3 主体工程施工方案

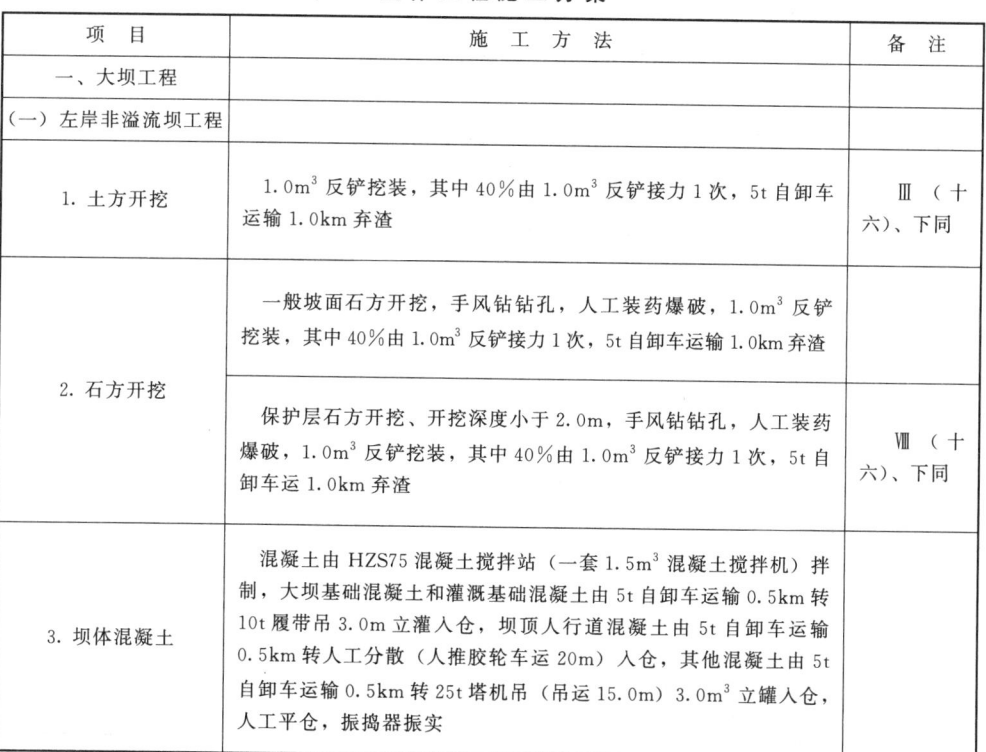

主体工程施工方案见表 8.1-2。

表 8.1-2　　　　　主体工程施工方案

项　目	施　工　方　法	备　注
一、大坝工程		
（一）左岸非溢流坝工程		
1. 土方开挖	1.0m³ 反铲挖装，其中 40% 由 1.0m³ 反铲接力 1 次，5t 自卸车运输 1.0km 弃渣	Ⅲ（十六）、下同
2. 石方开挖	一般坡面石方开挖，手风钻钻孔，人工装药爆破，1.0m³ 反铲挖装，其中 40% 由 1.0m³ 反铲接力 1 次，5t 自卸车运输 1.0km 弃渣	
	保护层石方开挖、开挖深度小于 2.0m，手风钻钻孔，人工装药爆破，1.0m³ 反铲挖装，其中 40% 由 1.0m³ 反铲接力 1 次，5t 自卸车运 1.0km 弃渣	Ⅷ（十六）、下同
3. 坝体混凝土	混凝土由 HZS75 混凝土搅拌站（一套 1.5m³ 混凝土搅拌机）拌制，大坝基础混凝土和灌溉基础混凝土由 5t 自卸车运输 0.5km 转 10t 履带吊 3.0m 立灌入仓，坝顶人行道混凝土由 5t 自卸车运输 0.5km 转人工分散（人推胶轮车运 20m）入仓，其他混凝土由 5t 自卸车运输 0.5km 转 25t 塔机吊（吊运 15.0m）3.0m³ 立罐入仓，人工平仓，振捣器振实	

S8
任务 8
工程量清单

41

续表

项 目	施 工 方 法	备 注
4. 浆砌石台阶	石料外购，人工搬运20m，人工码砌。砂浆由0.4m³砂浆搅拌机拌制，人工挑运20m	
5. 砂砾石回填	从弃渣场采取开挖的砂砾石料，1.0m³反铲挖装，5t自卸车运输1.0km，人工平料、人工夯实	
6. 帷幕灌浆	露天作业，150型地质钻机钻孔（孔深小于30m），其中8%为混凝土钻孔，其余为岩石钻孔，压浆泵灌浆，自上而下分段灌浆	X（十六），下同
7. 固结灌浆	风钻钻孔，其中25%为混凝土钻孔，其余为岩石钻孔，压浆泵灌浆	X（十六），下同
8. 接触灌浆	采用预埋铁管法	
9. 坝基钻孔排水	150型地质钻机钻孔，深度平均为10m	
10. 坝体无砂混凝土排水管	无砂混凝土排水管现场预制（0.4m³搅拌机拌制混凝土，人推胶轮车运10m，人工平仓，振捣器振实），人工装车，5t汽车运输0.5km，人工卸车，25t塔机吊或10t履带吊吊装	
（二）右岸非溢流坝工程		
1. 土方开挖	1.0m³反铲挖装，5t自卸车运输1.0km弃渣	
2. 石方开挖	一般坡面石方开挖，手风钻钻孔，人工装药爆破，1.0m³反铲挖装，5t自卸车运输1.0km弃渣	
	保护层石方开挖，开挖深度小于2.0m，手风钻钻孔，人工装药爆破，1.0m³反铲挖装，5t自卸车运输1.0km弃渣	
	3. 其他施工项目同左岸非溢流坝工程	
（三）溢流坝工程		
1. 土方（砂砾石）开挖	1.0m³反铲挖装，5t自卸车运输1.0km弃渣	
2. 石方开挖	一般石方开挖，手风钻钻孔，人工装药爆破，1.0m³反铲挖装，5t自卸车运输1.0km弃渣	
	保护层石方开挖，开挖深度小于2.0m，手风钻钻孔，人工装药爆破，1.0m³反铲挖装，5t自卸车运输1.0km弃渣	
3. 混凝土	混凝土由HZS75混凝土搅拌站（一套1.5m³混凝土搅拌机）拌制，大坝基础混凝土、导流底孔混凝土、护堤混凝土由5t自卸车运输0.5km转10t履带吊3.0m³立罐入仓，坝顶人行道混凝土和桥面铺装层混凝土由5t自卸车运输0.5km转人工分散（人推胶轮车运20m）入仓，其他混凝土由5t自卸车运输0.5km转25t塔机吊（吊运15.0m）3.0m³立罐入仓，人工平仓，振捣器振实	
4. 块石回填	石料外购、人工搬运20m、人工码砌	
（四）闸阀室及消力池		
1. 土方开挖	1.0m³反铲挖装，5t自卸车运输1.0km弃渣	
2. 一般石方开挖	手风钻钻孔，人工装药爆破，1.0m³反铲挖装，5t自卸车运输1.0km弃渣	

续表

项 目	施 工 方 法	备 注
3. 混凝土	混凝土由 HZS75 混凝土搅拌站（一套 1.5m³ 混凝土搅拌机）拌制，5t 自卸车运输 0.5km 转 10t 履带吊 3.0m 立罐入仓，人工平仓，振捣器振实	
二、上坝公路		
1. 土方开挖	1.0m³ 反铲挖装，5t 自卸车运输 1.0km 弃渣	Ⅲ（十六）
2. 一般石方开挖	手风钻钻孔，人工装药爆破，1.0m³ 反铲挖装，5t 自卸车运输 1.0km 弃渣	
3. 土方回填	从弃渣场采取开挖的砂砾石料，1.0m³ 反铲挖装，5t 自卸车运输 1.0km，74kW 推土机平料、压实	
4. 路面混凝土	混凝土由 HZS75 混凝土搅拌站（一套 1.5m³ 混凝土搅拌机）拌制，由 5t 自卸车运输 0.5km 转人工分散（人推胶轮车运 20m）入仓，人工平仓，振捣器振实	
5. 碎石垫层	碎石料外购，人工辅助 74kW 推土机平料	
6. 水泥碎石水稳层	集料外购进场，路拌法施工	
三、施工临时工程		
（一）导流工程		
1. 土方开挖	1.0m³ 反铲挖装，5t 自卸车运输 1.0km 弃渣	
2. 砂砾石开挖	1.0m³ 反铲挖装，5t 自卸车运输 1.0km 弃渣	
3. 石方开挖	手风钻钻孔，人工装药爆破，1.0m³ 反铲挖装，5t 自卸车运输 1.0km 弃渣	
4. 砂砾石填筑	利用开挖料，从弃渣场采取开挖的石渣料，1.0m³ 反铲挖装，5t 自卸车运输 1.0km，74kW 推土机平料、夯实	
5. 编织袋土石围堰填筑	从弃渣场采取开挖的石渣料，1.0m³ 反铲挖装，5t 自卸车运输 1.0km，现场人工装袋，人工运输 20m 码砌	
6. 编织袋土石围堰拆除	1.0m³ 反铲挖装，5t 自卸车运输 1.0km 弃渣	
7. 黏土斜墙填筑	从土料场开采（无用层由 74kW 推土机推 30m，有用层由 1.0m³ 反铲挖装，5t 自卸车运输 4.0km，无用层：有用层＝0.5：3.0），74kW 推土机摊平、压实	
8. 黏土斜墙拆除	1.0m³ 反铲挖装，5t 自卸车运输 1.0km 弃渣	
9. 子围堰黏土填筑	从土料场开采（无用层由 74kW 推土机推 30m，有用层由 1.0m³ 反铲挖装，5t 自卸车运输 4.0km，无用层：有用层＝0.5：3.0），74kW 推土机摊平、压实	
10. 子围堰黏土拆除	1.0m³ 反铲挖装，5t 自卸车运输 1.0km 弃渣	
11. C15 混凝土挡墙	混凝土由 HZS75 混凝土搅拌站（一套 1.5m³ 混凝土搅拌机）拌制，由 5t 自卸车运输 0.5km 转 10t 履带吊 3.0m 立灌入仓，人工平仓，振捣器振实	
12. C15 混凝土挡墙拆除	机械拆除，1.0m³ 反铲挖装，5t 自卸车运输 1.0km 弃渣	
13. D50UPVC 排水管		

43

续表

项 目	施 工 方 法	备 注
14. C20 混凝土封堵	混凝土由 HZS75 混凝土搅拌站（一套 1.5m³ 混凝土搅拌机）拌制，由 5t 自卸车运输 0.5km 转 HB30 混凝土泵入仓，人工平仓，振捣器振实	
15. 混凝土表面凿毛	手风钻人工凿毛	
16. 回填灌浆	采用预埋铁管法	
（二）交通工程		
1. 对外交通		
（1）扩建对外交通	混凝土路面	
2. 场内临时交通		
（1）临时道路	山区、双向车道泥结石路面、6.0m 宽。在山区地形，一般按 30 万～50 万元/km	
（2）左右岸漫水桥	上下游各一座，跨度 15.0m	
（三）风、水、电		
1. 风	空压机为 3 台 9m³/min	
2. 水	施工用水在上游从河内抽取，水泵采用 2 台 IS50-32-250 水泵（5.5kW，$H=50$m、$Q=15$m³/h）	
3. 电	利用永久电源，考虑 2% 自发电（120kW 柴油发电机组 1 台）	
（四）施工仓库		
（五）施工临时用房	初步设计日高峰期人数 100 人，按 12m²/人	
四、其他		
（1）外购砂砾石	由于对外交通路有 10.0km 左右路面，宽度仅为 4～5m，运输车辆采用 5t 自卸车、运距为 26.0km	
（2）块石外购	运距为 20.0km，运输车辆采用 5t 自卸车	
（3）其他物资外购	从县城购买，运距为 32.0km，运输车辆采用 5t 自卸车或小型罐车	

任务9 编制新建斗渠施工图预算

本节任务选自校企共建资源库，建议同时用青山计价软件和 Excel 表格完成。

工作任务：江西省某乡镇水利冬修，打算新建 300m 斗渠，施工图如图 9.1-1 所示，采用江西省九江市最新材料价格编制施工图预算。

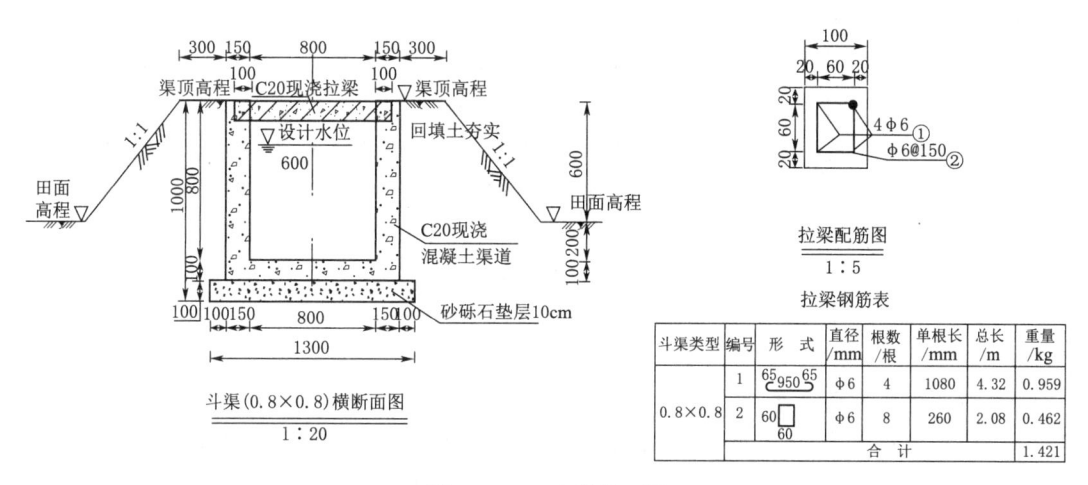

图 9.1-1 斗渠施工图

说明：

（1）土方开挖与填方以夯实工程量为最小工程量，借方就地取土，弃方就地平整。土方开挖边坡为 1∶0.3。填方采用蛙式打夯机夯实，填筑土方压实度不小于 0.85。开挖与填筑采用人力施工。

（2）渠道每隔 10m 设伸缩缝一道，伸缩缝宽 20m，采用沥青木板嵌缝，每隔 3m 设置一根拉梁、采用钢模。水泥、砂石料外购，0.4m³ 搅拌机拌制混凝土，胶轮车运输 200m。

任务10　编制某闸拆除重建工程招标工程量清单

本节任务选自校企共建资源库，建议同时用青山计价软件和 Excel 表格完成。

10.1　项目资料

10.1.1　工程建设内容

某闸拆除重建工程，项目位于江西省九江市。该水闸工程主要由进口渠道、进口检修闸、穿堤箱涵、出口闸室和出口渠道等建筑物组成，工程等别为Ⅳ等小（1）型工程，主要建筑级别为 3 级，次要建筑物为 4 级。建设工期为 3 年，以 2023 年为起算年，三年的投资比例为 3∶5∶2。工程建设内容主要包括：新建箱涵进口渠道 286.45m，进口检修闸长 8m，穿堤箱涵 85m，箱涵出口新建节制闸长 15.7m，闸室设工作闸门 1 扇，闸室出口新建排水渠及消力池总长 129.46m，末端新建海漫 41.35m，泵站节制闸出口排水港道岸坡治理 320m，闸出口渠道和港道清淤疏浚 420m。

10.1.2　主要材料来源

（1）土料。本工程主体工程土方开挖量较大，场区分布地层均为较好的黏性土层。主体土方回填和围堰填筑所需土料均可利用开挖料。干堤段开挖回填料回填质量难以满足质量要求，故堤身段回填料建议外购。干堤回填料可从附近土料场开采，运距约为 18km。

（2）混凝土骨料。工程区内无可供开采的料场，所需砂料需外购。工程区位于江边，有较多码头有外地运来的天然河砂、人工粗骨料出售，质量较好，可根据需求量采购，满足要求。距工程区最近的码头位于北岸上游约 3km 处，该码头相对较简易，但基本能满足运输要求。工程区位于江边，水位稍高时，亦可以停靠货船。

（3）块石料。工程区内无可供开采的石料场，所需砂料需外购。建议从码头处购买，运距为 3km。

（4）商品混凝土。河汇入口附近工业园内有多家商品混凝土公司，距工程区运距约 6km。混凝土站有各强度等级的商品混凝土出售，工程所需的混凝土可直接在该站购买。

（5）施工用电、水、风。

1）施工用电。施工用电电源引自附近已架设 35kV 输电线路至施工中心变电站，并配备两台 200kW 柴油发电机作为施工初期及施工备用电源。

外购电占 95%，自发电占 5%。外购电不含税基本电价执行 1～110kV 电网电价 0.756 元/(kW·h)。损耗率：高压输电线路为 6%；变配电设备及线路损耗率为8%。供电设施维护摊销费为0.035元/(kW·h)。

柴油发电机发电厂用电率为3%；变配电设备及线路损耗率为8%；循环冷却水摊销费为0.040元/(kW·h)；供电设施摊销费为0.035元/(kW·h)。

2) 施工用水。按表10.1-1各施工区配备的施工机械分析计算各施工区施工用水价格，并结合本工程各施工区用水比例综合计算电站建设施工用水价格。水泵出力系数为0.8；供水损耗率为10%；供水设施维修摊销费为0.030元/m^3。

表10.1-1　　　　　　　　施工用水价格组成

供水点一	
供水比例：45.00%	供水损耗率：10%
供水设施维修摊销费：0.030元/m^3	水泵额定容量：560.000m^3/min
水泵型号：离心水泵　多级功率（100kW）	水泵数量：2台
供水点二	
供水比例：30.00%	供水损耗率：10%
供水设施维修摊销费：0.030元/m^3	水泵额定容量：155.000m^3/min
水泵型号：离心水泵　多级功率（230kW）	水泵数量：1台
供水点三	
供水比例：25.00%	供水损耗率：10%
供水设施维修摊销费：0.040元/m^3	水泵额定容量：155.000m^3/min
水泵型号：离心水泵　多级功率（180kW）	水泵数量：1台

3) 施工用风。空气压缩机，电动固定式（40m^3/min）12台；空气压缩机，电动固定式（60m^3/min）15台；空气压缩机，油动移动式（9m^3/min）32台；空压机出力系数为0.8；供风损耗率为8%；循环冷却水摊销费为0.005元/m^3；供风设施维修摊销费为0.004元/m^3。

10.1.3 主要施工方法

(1) 土石方运输，配2m^3液压正铲挖掘机配15t自卸车，土方类别按Ⅲ类土。

(2) 土方回填，蛙式夯实机夯实，设计干容重为1.65t/m^3，天然干容重为1.6t/m^3，综合系数取4.43%。

(3) 混凝土采用42.5级普通硅酸盐水泥；卵石，本项目采用商品混凝土。

(4) 锚杆，Φ25，M30，L=4.5m（入岩4m）。

(5) 施工交通、排水工程、房屋建筑工程参照当地指标计算，施工交通工程为15000元/km计算，排水工程暂按总价400000元计算，房屋建筑工程按380元/m^2计算。

10.1.4 工程量（节选）

某闸拆除重建工程工程量见表10.1-2。

表 10.1-2　　某闸拆除重建工程工程量

编号	名　称	单位	工程量
一	进口段		
1	土方开挖（自卸汽车运输 1km）	m³	11337.95
2	土方回填（自卸汽车运输 1km）	m³	6511.54
3	土方开挖（运输 12km）	m³	4561.15
4	土方回填（土料购买，运输 18km）	m³	4487.94
5	原六棱块护坡（自卸汽车运输 1km）	m³	440.93
6	原混凝土护底拆除（运输 12km）	m³	182.55
7	原混凝土台阶拆除（运输 12km）	m³	14.16
8	原扶壁式混凝土挡墙拆除（运输 12km）	m³	191.28
9	C30 扶壁式挡墙厚度 0.8m	m³	431.80
10	C15 混凝土垫层 10cm 厚	m³	70.19
11	C30 混凝土挡板	m³	70.20
12	Φ16 钢筋锚固	根	306.06
13	C30 混凝土护底厚 0.2m	m³	181.58
14	C25 混凝土护坡厚 0.15m	m³	526.66
15	10cm 厚砂石垫层	m³	537.33
16	C25 混凝土护底厚 0.2m	m³	347.84
17	C25 混凝土固脚	m³	86.88
18	C25 混凝土压顶	m³	52.12
19	模板制作及安装	m²	3483.38
20	钢筋制作及安装	t	61.07
21	清水面木模板制作及安装	m²	1188.07
22	DN110 PVC 排水管	m	187.94
23	反滤料	m³	2.72
24	伸缩缝	m²	475.28
25	草皮护坡	m²	7413.90
26	不锈钢栏杆	m	464.49
五	箱涵段		
1	土方开挖（自卸汽车运输 1km）	m³	12129.56
2	土方回填（自卸汽车运输 1km）	m³	11890.32
3	土方开挖（运输 12km）	m³	18194.33
4	土方回填（土料购买，运输 18km）	m³	17835.48
5	原箱涵混凝土拆除（运输 12km）	m³	871.35
6	原堤顶沥青路面拆除（运输 12km）	m³	115.44
7	原有箱涵 C30 混凝土封堵	m³	143.23

续表

编号	名　称	单位	工程量
8	C20 混凝土排水沟	m³	34.46
9	排水沟木模板制作及安装	m²	30.60
10	C25 混凝土踏步	m³	22.23
11	C30 混凝土箱涵厚 0.8m	m³	1507.01
12	C15 混凝土垫层 10cm 厚	m³	59.79
13	箱涵木模板制作及安装	m²	2531.49
14	箱涵钢筋制作及安装	t	132.42
15	伸缩缝	m²	123.86
16	止水铜片 1.5mm 厚	m	140.40
17	C30 混凝土抱箍	m³	96.64
18	抱箍模板制作及安装	m²	160.34
19	抱箍钢筋制作及安装	t	8.33
20	箱涵右侧 C15 混凝土回填	m³	343.98
21	草皮护坡	m²	6050.20
22	原六棱块护坡人工拆除装自卸汽车运输 0.5km	m³	231.66
23	10cm 厚 C30 混凝土预制六棱块护坡铺筑（购买）	m³	69.50
24	10cm 厚 C30 混凝土预制六棱块护坡铺筑（利用）	m³	162.16
25	10cm 厚中粗砂垫层	m³	231.66
26	连锁式植生块	m²	231.66
27	10cm 厚碎石垫层	m³	236.89
28	成品混凝土路缘石（100cm×30cm×12cm）	m	90.03
29	10cm 厚中粗砂垫层	m³	9.45
30	10cm 厚碎石垫层	m³	9.45
31	C25 混凝土脚槽	m³	19.12
32	脚槽木模板制作及安装	m³	95.64
33	堤顶道路恢复 5cm 细粒式改性沥青混凝土 AC-13C 上面层（掺 0.3％聚酯纤维）	m²	741.00
34	堤顶道路恢复粘层油（PC-3 型乳化沥青）	m²	741.00
35	堤顶道路恢复 7cm 中粒式改性沥青混凝土 AC-20C 下面层	m²	741.00
36	堤顶道路恢复透层油（PC-2 型乳化沥青）	m²	741.00
37	堤顶道路恢复 15cm 水泥稳定碎石（5∶95）	m²	802.75
38	堤顶道路恢复 15cm 水泥稳定碎石（5∶95）	m²	864.50
39	堤顶道路恢复 15cm 水泥稳定碎石（4∶96）	m²	926.25
40	施工进场道路损毁重建 5cm 细粒式改性沥青混凝土 AC-13C（掺 0.3％聚酯纤维）	m²	3276.00

续表

编号	名 称	单位	工程量
41	施工进场道路损毁重建粘层油（PC-3型乳化沥青）	m^2	3276.00
42	施工进场道路损毁重建7cm中粒式改性沥青混凝土AC-20C	m^2	3276.00
43	施工进场道路损毁重建透层油（PC-2型乳化沥青）	m^2	3276.00
44	施工进场道路损毁重建15cm水泥稳定碎石（5∶95）	m^2	802.75
45	管理房拆除	m^3	236.46
46	管理房C15混凝土基础换填	m^3	51.01
十	第三部分　金属结构设备及安装工程		
（一）	水闸设备		
1	进口检修叠梁门		
（1）	穿堤箱涵不锈钢进口检修闸，闸门宽×高 4.5m×4.0m，重 4.6t 1套	t	8.4
（2）	穿堤箱涵不锈钢进口检修闸，埋件1套	t	2.5
（3）	闸门防腐	m^2	173.33
十八	施工临时工程		
（一）	导流工程	元	
（1）	袋装土围堰填筑	m^3	798.28
（2）	黏土围堰填筑	m^3	9785.72
（3）	土石围堰拆除运16km	m^3	10584
（4）	DN800双壁波纹管	m	685.72
（二）	施工交通工程	km	1
（三）	施工导流排水	项	1
（五）	施工房屋建筑工程		
（1）	施工仓库	m^2	293.54
（2）	临时住房	m^2	450
（六）	其他施工临时工程		
（1）	其他临时工程	%	1

10.2 编制工程量清单及招标制作

采用当地最新材料价格编制招标工程量清单及招标制作。

扫二维码，可下载任务10工程量清单。

S10
任务10
工程量清单

第二部分 水利工程造价软件应用

任务11 软件安装及认识

【技能目标】
1. 完成"青山.NET大禹水利计价软件"的安装。
2. 完成正版授权申领及软件的正版激活。
3. 初步了解软件界面功能布局。

【工作任务】
完成"青山.NET大禹水利计价软件"的安装和账号激活。

【解决工作任务】

11.0.1 软件安装

第一步 从计价软件官网下载或从学校老师处获取最新计价软件安装程序。

第二步 安装下载好的软件程序,建议单击鼠标右键,在弹击的快捷菜单中选择"管理员身份运行"选项来启动软件安装程序,有防火墙或杀毒软件拦截选择"允许"。

11.0.2 正版授权文件申领及正版软件激活

第一步 申领正版软件使用授权,扫描二维码(S11.2)提交授权文件信息,系统将自动生成授权文件。

提醒:请务必正确填写邮箱地址,以便授权文件准确送达。

第二步 从邮箱中下载并保存收到的授权文件(后缀名为".lic"的文件)至本地电脑。

第三步 以管理员身份启动软件。

※软件管理员身份运行设置:对桌面上的软件快捷方式图标单击鼠标右键,在弹出的快捷菜单中选择"属性"选项,在弹出的对话框中单击"高级",然后勾选"管理员身份运行",单击"确定"按钮即可生效。

第四步 在软件的启动方式中(图11.0-1),选择"账号版",根据提示将"lic"授权文件导入软件中,然后重启软件。

图11.0-1 软件的启动方式

第五步 完成第四步后再次打开软件,若提示有个人信息(图11.0-2),表示软件已成功完成正版授权激活。若仍然提示选择启动方式启动软件,可通过老师或官网联系客服人员协助完成软件正版授权。

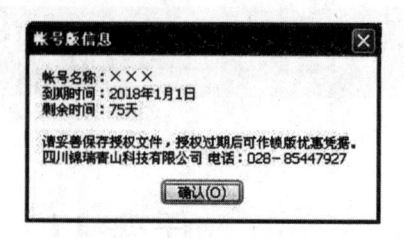

图11.0-2 个人信息提示对话框

11.0.3 软件功能布局

软件功能布局如图11.0-3所示。

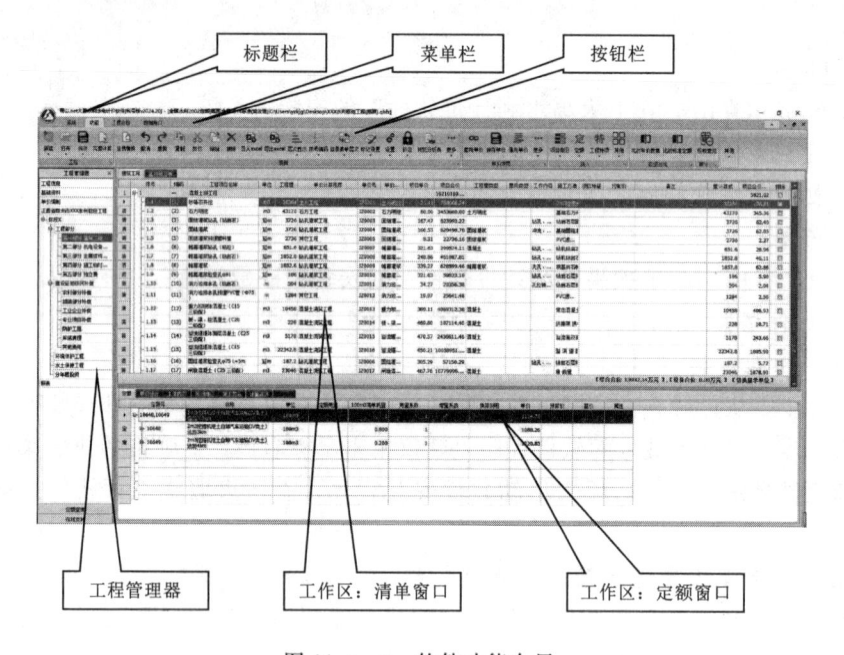

图11.0-3 软件功能布局

软件顶部功能区域:主要有标题栏、菜单栏、按钮栏,其中标题栏给出软件版本信息、打开项目文件的编制过程及定额依据信息、文件存放位置信息。

工程管理器主要列示项目编制内容及工程投资构成,造价编制过程中主要完成各节点的任务编制内容。通过工程管理器可进行多标段项目的新建和管理。

清单窗口:为当前部分项目划分及工程量清单。可进行项目层级及清单内容的管理,工程量计算式、工程量类型、取费标准、备注等信息的设置。

定额窗口:定额的组成和调整管理,可进行定额的修改和调整。

提醒:当定额有换算信息时,定额窗口右侧有换算提示信息,可通过勾选完成相关内容的换算操作。

任务 12　项目一工程基础参数及数据设置

任务 12.1　工程新建及参数设置

【技能目标】
1. 能按项目编制过程完成不同编制阶段工程文件的新建。
2. 能按设计方案正确设置费用参数。
3. 能根据实际需要完成相关取费标准的设置。

【工作任务】
完成项目一所述某水利枢纽工程概算文件的新建，并根据项目内容完成软件参数设置。

【解决工作任务】

12.1.1　新建工程文件

通过菜单栏"系统"→"新建"按钮，系统将弹出"新建工程"对话框，完成相关内容设置后单击"确定"按钮即可完成工程文件的新建，如图 12.1-1 所示。

工程名称：按项目实际情况录入。

📢 提醒："浏览"按钮用于设置工程文件的存放位置。

定额体系：设定编制当前工程项目造价所用的定额标准。

设计阶段：按项目实施过程按实际选择。

工程模板：在选定定额体系标准情况下的多个编制依据的选择。

📢 提醒：在"全国水利 2002 定额"标准体系下有 2002 配套编制规定、2014 配套编制规定、2014 国家"营改增"政策调整编制规定等。

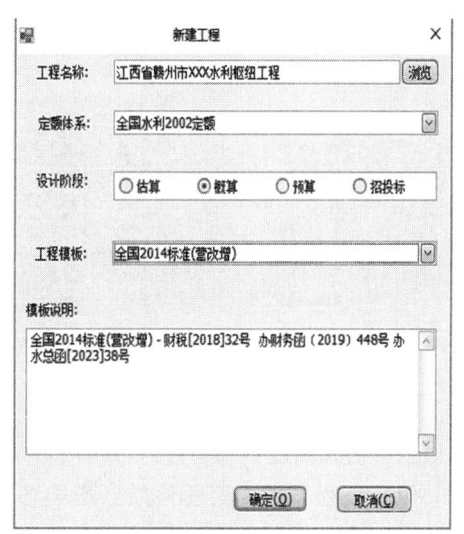

图 12.1-1　"新建工程"对话框

12.1.2　完成工程信息及相关参数设定

第一步　在工程管理器的"工程信息"中，完成工程名称、工程地址、相关单位、编制人等信息的填写，如图 12.1-2 所示。

🔊 提醒：相关内容可作为变量在报表中引用。

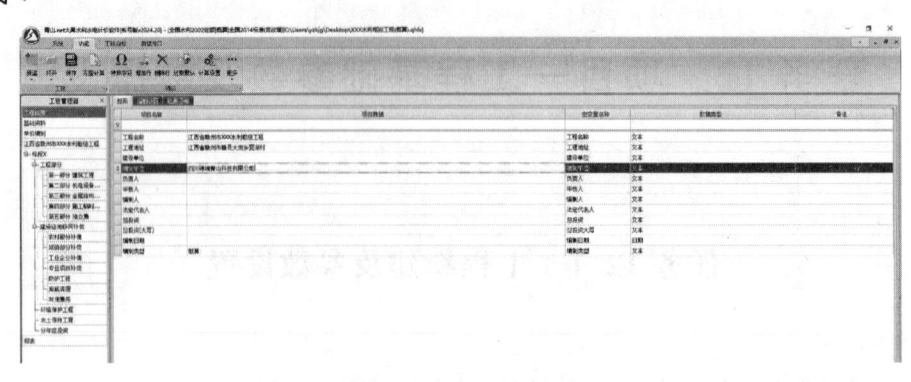

图 12.1-2 工程信息的填写

第二步 在工程管理器的"基础资料"→"费用设置"中，根据项目实际情况，设定"海拔高度""工程类别""工程性质""艰苦地区类别""工程监理复杂程度""工程地区""砂石料来源"等参数，如图 12.1-3 所示。

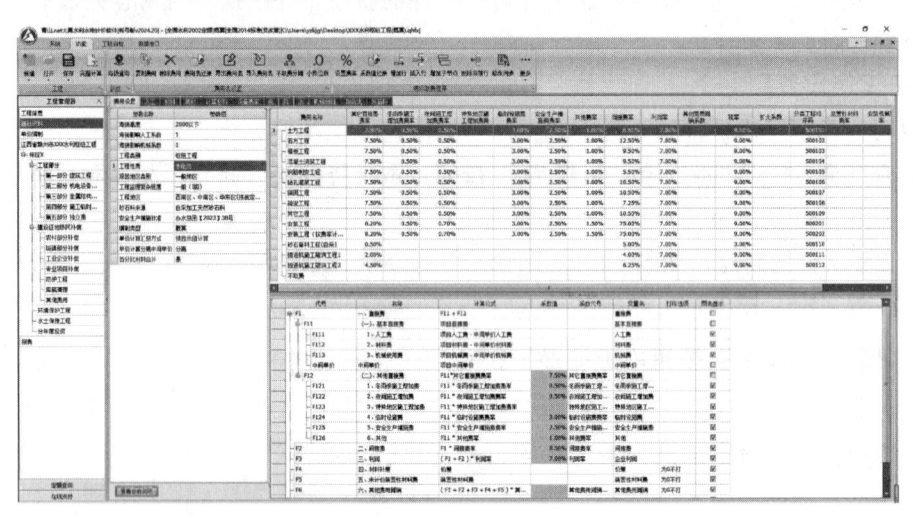

图 12.1-3 费用设置相关参数填写

各参数影响的内容：
(1) 海拔高度：当参数为 2000m 以上时，定额中人工、机械会乘以相应调整系数。
(2) 工程类别、工程性质：影响各取费费率及人工单价标准。
(3) 艰苦地区类别：影响人工单价标准。
(4) 工程监理复杂程度：影响独立费计算中"施工监理费"复杂程度系数。
(5) 工程地区：影响"冬雨季施工增加费"费率标准。
(6) 砂石料来源：影响"临时设施费"费率标准。
(7) 编制类型：影响报表表头内容显示。

🔊 提醒：当选择"估算"时，软件将按估算编制要求在"费用设置"的"扩大系数"列中添加扩大系数并调整基本预备费费率。

※功能推荐

(1) 海拔查询:提供海拔高度信息查询。

(2) 设置费率:可批量修改或调整费率,调整窗口支持输入计算式,如图12.1-4所示。

🔊 提醒:软件中批量选择操作同办公软件,支持 shift、ctrl 快捷键操作。

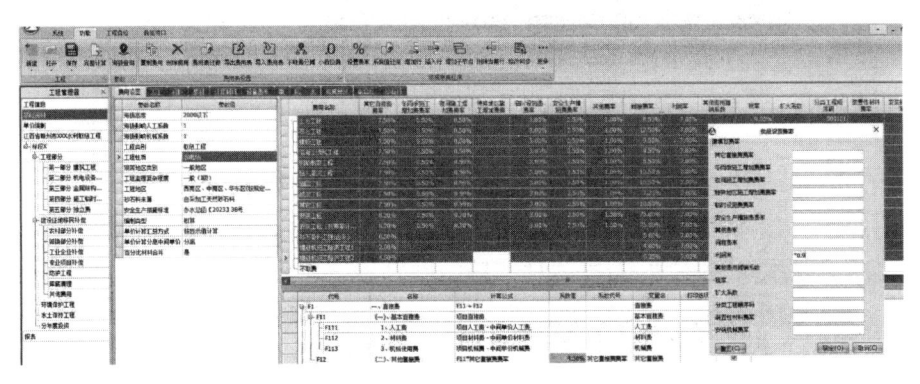

图 12.1-4　费率设置窗口

任务 12.2　导入项目工程量清单

【技能目标】

1. 能准确导入工程量清单数据。
2. 在软件中会手动调整项目层级关系。
3. 在软件中会手动新增项目和清单数据。

【工作任务】

按项目一所述某水利枢纽工程给定工程量清单完成建筑工程、机电设备及安装工程、金属结构设备及安装工程、施工临时工程部分的清单导入。

※扫右侧二维码可下载工程量清单文件。

【解决工作任务】

12.2.1　建筑工程部分工程量清单导入

第一步　进入"工程管理器"→"第一部分 建筑工程":通过"按钮栏"中"导入 Excel"按钮或鼠标右键的快捷菜单中选择"导入清单"命令,系统将弹出"数据导入"对话框,通过该对话框即可将下载好的 Excel 文挡数据导入。

第二步　数据列设置,在"从 Excel 中导入清单项目"数据窗口第一行设置在清单窗口中对应的数据列名,如图 12.2-1 所示的"清单编码、项目名称、项目单位、工程量"。

第三步　数据行层级识别,单击"编码识别"层级数值中对应清单项目的层级编号样式。

🔊 提醒：①当编号样式含中文字符时，建议选用"编码识别"方式识别；当编码为"1，1.1，1.1.1"样式时，建议列设置为"清单序号"，采用"序号识别"。②当层级有多个编号样式时，如图"接地材料"项目层级有 1 和（1）两种样式，可在编码清单项目中用"｜"分隔填入样式。

图 12.2-1　"从 Excel 中导入清单项目"窗口

12.2.2　机电设备及安装工程、金属结构设备及安装工程、施工临时工程部分工程量清单导入

数据导入方式同 12.2.1。

※ 说明：给定的安装单价及设备单价可直接导入至软件的综合单价和设备原价列。

※ 功能推荐（按钮栏项目划分、目录清单层级）

（1）插入目录：在清单窗口选中行之前插入目录行。

（2）插入单行：在选中行之前插入空行。

（3）追加空行：在选中行之后插入空行。

（4）插入多行：在选中行之前一次性插入输入的数的空行。

（5）插入子项：对选中行增加子级空行。

（6）清单转目录：选中行后的清单作为当前行的子项，总价数据汇总至当前行。

（7）目录转清单：选中行变为清单项，可对其进行单价编制。

（8）行层次升级、行层次降级：对选中行数据汇总层级关系进行调整，对清单升级将使其变成目录。

🔊 提醒：①表格数据格式支持 xls、nxls、xlsx、et 直接导入。如果需要导入 word 文档中的表格数据，可通过将 word 文档中表格复制，在软件中粘贴的方式完成数据导入。该方式也常用于不规则的电子表格数据导入。②软件支持单独复制表格中一列数据，如"工程量"，在软件中的工程量列直接粘贴，此时软件仅对工程量数据进行修改。

任务 13 编制项目一概算工程单价

【技能目标】
1. 能根据方案准确选择并完成定额套用。
2. 能根据方案完成定额相关调整。

【工作任务】
按项目一所述某水利枢纽工程实施方案完成项目建安工程单价的编制。

【解决工作任务】

13.0.1 编制"1.1 砂砾石开挖"工程单价

第一步 清单窗口选中"1.1 砂砾石开挖 运距 3.2km"清单项,单击按钮栏 定额 或通过鼠标右键调出"定额查询"窗口(图 13.0-1),各部位功能设计如下。

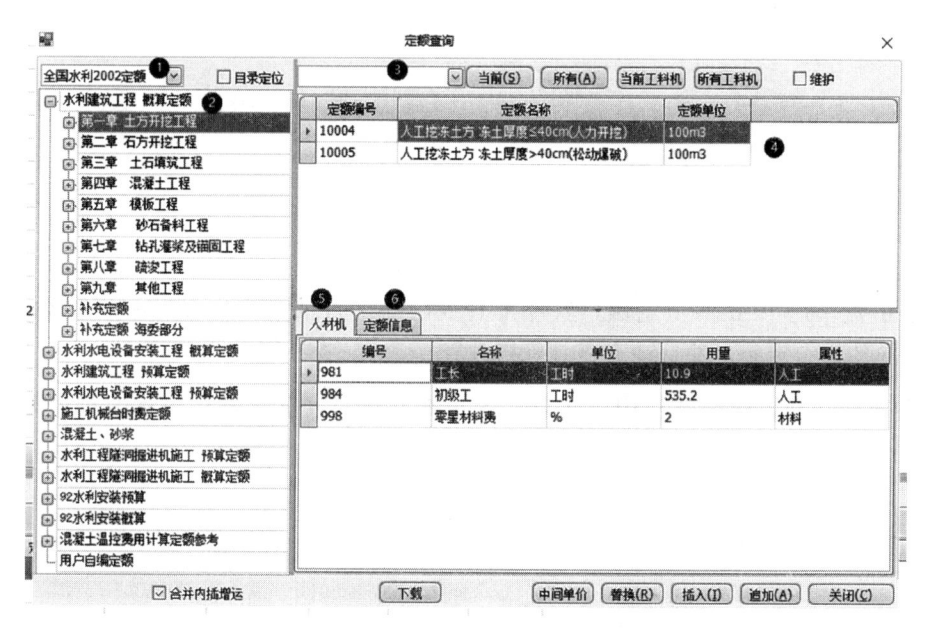

图 13.0-1 定额查询窗口

(1)定额体系下拉选择窗口:当当前定额体系定额子目缺项时,可通过在该部位切换选择其他相近行业定额体系。
(2)定额章节目录列表窗口:功能类似定额书的目录。
(3)关键字搜索窗口:可通过定额或材料名称关键字搜索相关定额。
(4)定额列表窗口:显示当前章节或查询到的定额列表。
(5)定额人材机明细窗口:显示选中定额的人材机信息。

(6) 定额信息显示窗口：显示定额工作内容、适用范围、定额脚注等相关信息。

第二步　根据施工方案，该清单项应选概算建筑定额为：10648，10649，并通过内插计算得到实际运距为3.2m的定额。在"定额章节目录列表窗口"依次找到"土方开挖工程→37节 2m³ 挖掘机挖土自卸汽车运输→Ⅳ类土"，在"定额列表窗口"找到定额10648对其双击鼠标左键或单击"插入"按钮，执行定额套用操作。

第三步　软件进入人机交互界面，弹出"参数值编辑"窗口（图13.0-2），输入实际运距3.2，单击"确定"按钮。

第四步　软件继续人机交互，提示选择自卸汽车型号，根据方案双击选择"自卸汽车15t"（图13.0-3），然后单击"确定"按钮完成定额套用。

图13.0-2　参数值编辑窗口　　　图13.0-3　选择自卸汽车型号

至此就完成1.1清单项目的单价编制，最终呈现结果如图13.0-4所示。选中1.1清单项目下面的定额窗口可以看到10648 2m³挖掘机 汽车运3km、10649 2m³挖掘机 汽车运4km两项定额，软件按直线内插法自动计算内插系数得到运距为3.2km的综合定额，并自动完成其价格计算。

提醒：在完成定额套用操作后的人机交互窗口，软件采用鼠标左键"双击"选择之后再单击"确定"按钮完成操作。

图13.0-4　清单项目单价编制

13.0.2 编制"1.2 石方明挖"工程单价

软件操作方法同 13.0.1 节。根据施工方案选定概算建筑定额为 20158，定额中的"石渣运输"按施工方案为"2m³ 挖掘机 15t 自卸汽车外运 3.4km"，在定额套用过程中可直接在人机交互窗口执行运输定额选择 20470，并输入内插实际距离 3.4km 完成单价编制。

13.0.3 编制"1.3 固结灌浆钻孔（钻岩石）、1.38 消力池锚筋（Φ25，M20，$L=3m$）、1.50 组合钢模板、4.7 C25 水泥混凝土路面（压实厚度 20cm）"工程单价

软件操作同 13.0.1 节。

13.0.4 编制"1.12 重力坝坝体混凝土（C15 三级配）、4.11 M7.5 浆砌石护坡"工程单价

软件主要操作同 13.0.1 节。

在混凝土配合比选择人机交互窗口（图 13.0-5），按施工方案"双击"鼠标左键选择混凝土配合比定额及砂浆定额。窗口各功能区说明如下：

（1）配合比定额材料抽换窗口：配合比定额材料会按抽换规则进行系数计算。

（2）配合比定额切换窗口：可切换套用其他定额体系的配合比定额。

（3）配合比数据来源窗口：定额库——标准配合比定额数据；用户定义——任务 14.4 编制的配合比数据；当前工程——项目中前面已经使用过的配合比数据；商品混凝土——直接购买商品混凝土材料。

（4）配合比数据选定结果窗口：当双击鼠标左键选择后，该窗口显示选定后的配合比名称和编号。

（5）备选数据列表窗口。

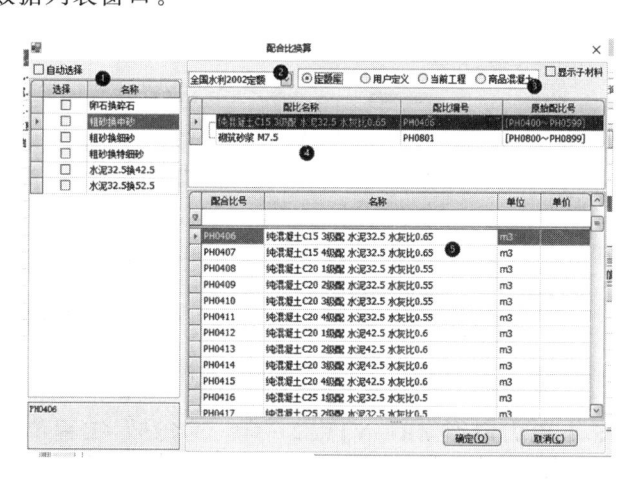

图 13.0-5 配合比换算窗口

在完成配合比材料选择后，单击"确定"按钮，软件人机交互至"混凝土及砂浆定额"选择窗口，如图 13.0-6 所示。可直接在定额列表窗口双击鼠标左键选择拌制、运输定额，也可以按图 13.0-6 所示单击"选择中间单价"按钮，在弹出的

"中间单价选择"窗口选择预设中间单价。

📢 提醒：有多种运输方案或方案可能会进行多次调整的情况下，建议采用中间单价方式，该功能可提高编制效率，也可快速将后期调整结果同步到项目中。

图 13.0-6　混凝土及砂浆定额选择窗口

※中间单价编制：在工程管理器的"单价编制—中间单价"界面：可以编列项目中常用的中间价格（图 13.0-7）。

"单价编制—建筑/安装单价"界面：用户可以对常用建安单价进行预编制，软件在项目建安单价编制过程也会自动保存至"单价编制—建筑/安装单价"中。软件还支持单价编制"导出/导入"操作，可将单价库在其他项目中导入进行单价引用。

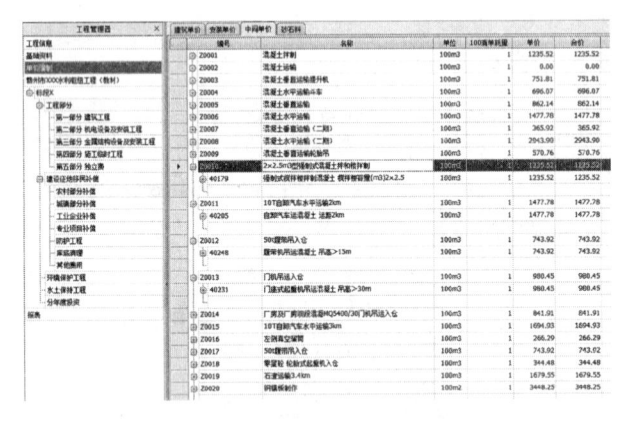

图 13.0-7　中间单价编制

13.0.5　编制"5.1 电力电缆 ZR-YJV22-10-3×25"工程单价

软件主要操作同13.0.1节。按施工方案选择概算安装定额06013。

📢 提醒：按定额附录需增加电力电缆装置性材料，在完成定额套用后，展开定额明细，工具箱"插入—材料"增加属性为"装材"的材料并插入到定额中，并按定额附录规定录入材料定额含量，如图 13.0-8 所示。

※功能推荐（按钮栏套用单价）

图 13.0-8　编制机电设备及安装工程工程单价

（1）套用单价：有相同施工方案的项目，项目单价可通过该功能直接引用前面已套建安单价。

（2）取消单价关联：在执行了套用单价情况下，两者单价为联动状态（修改任意一条，其他关联单价同步修改），如需单独修改其中一条数据则需先取消单价关联。

提醒：①完成定额套用后，定额"基于清单消耗量输入"，如果清单/定额单位一致情况下会自动完成系数的填写，如果需要（如松实系数、密度系数等）转换，可以将结果或计算式填入该窗口。②完成定额套用后，清单项的"单价计算程序"会根据第一条定额（主定额）判定单价计算程序（软件按定额区间设定）。如果需要调整，可以对单价计算程序下拉选择切换。同时借用或自编定额软件不能按定额区间识别，需要手动下拉选择"单价计算程序"。

任务 14 项目一基础单价编制

任务 14.1 人工、材料预算价格计算

【技能目标】
1. 能根据工程情况准确确定人工预算价格。
2. 能够通过各种工具完成次要材料价格计算。
3. 能够根据方案内容完成主要材料价格计算。

【工作任务】
按项目一所述某水利枢纽工程实施方案及项目地情况确定人工、次要材料价格，并完成钢筋的价格计算。

【解决工作任务】

14.1.1 编制人工预算单价

当按任务 12.1 完成参数设置后，工程管理器"基础资料—人工"界面，人工预算价格将按照编制规定自动计算。

提醒：如有借用工日单位的定额，注意人工预算单价的转换。

14.1.2 编制次要材料预算单价

工程管理器"基础资料—材料"界面（图 14.1-1），勾选"显示当前工程使用的材料"，次要材料预算价可参照项目所在地建设工程造价管理部门发布的不含增值税进项税的材料信息价。点击按钮栏 信息/市场价 ，软件可以调出"信息价和市场价"查询套用窗口，在这里可以根据工程所在省份、地市、区县定位查询各地材料信息价，找到需要的价格，双击可以完成选中材料单价的套用。

提醒：①信息价数据来源于各地住建部门公布的材料信息价数据；②市场价数据来源于各材料生产/供应厂商提供的材料市场价；③界面第一行的空行为数据查询窗口，支持关键字中文首写字母（如水泥：sn，钢筋：gj）。

14.1.3 编制主要材料预算单价

第一步 工程管理器"基础资料—计算材料"界面（图 14.1-2），用户可从"材料"界面"计算类别"设定主要材料价格计算方式，也可以在"计算材料"界面按钮栏点击"运输材料"—"增加材料"加入需要计算的材料项，如本项目方案中的"钢筋 t"。

第二步 在上部右侧窗口编辑"材料来源地"：普通 A3 光面钢筋，比例 40%；低合金螺纹钢，比例 60%。

图 14.1-1 "基础资料—材料"界面

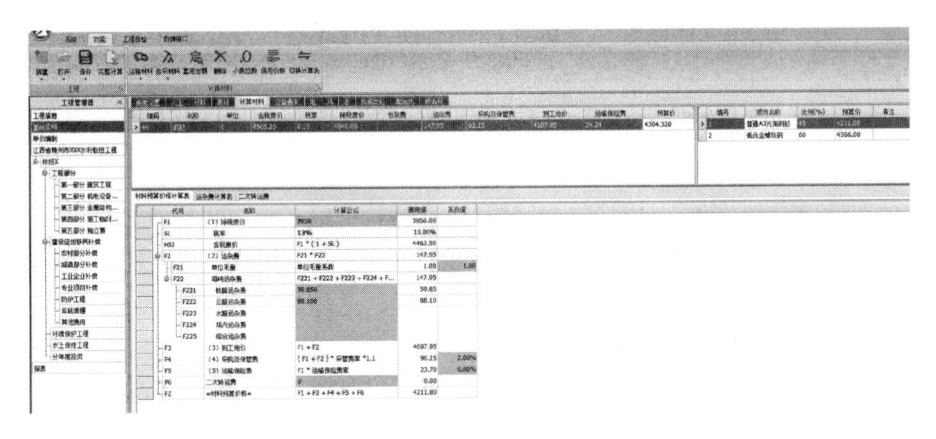

图 14.1-2 "基础资料—计算材料"界面

📢 提醒：按钮栏点击"运输材料"—"增加来源地"或右键功能完成操作。

第三步 在下部窗口"材料预算价格计算表"分别对"普通 A3 光面钢筋""低合金螺纹钢"按施工方案信息在"F1 除税原价"填入"3950、4100"。

📢 提醒：如调查得到的材料原价为含税价，就填入软件含税原价计算式，输入税率完成除税原价的计算。

第四步 分别对"普通 A3 光面钢筋、低合金螺纹钢"在下部窗口"运杂费计算表"中分别计算铁路/公路运杂费：※提醒：支持在参数项中填入数据计算，如图 14.1-3 所示。

铁路运输计算式："（8.6＋（0.045＋0.025）*500）/0.8*0.85＋（9＋（0.052＋0.025）*500）*0.15＋4.9＋1.5"。

公路运输计算式："0.7*75＋（5.5＋2.3）*2＋20"。

63

第五步　在下部窗口"材料预算价格计算表"继续完成"毛重系数、采管费费率、运输保险费率"的系数设定，如图 14.1-2 所示。

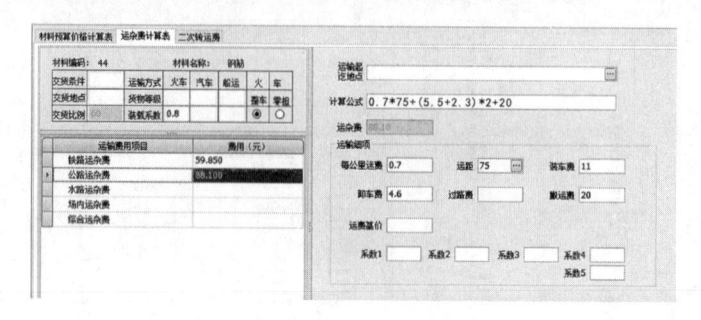

图 14.1-3　在参数项中填入数据进行计算

※功能推荐

（1）工时转换系数：当借用了单位为工日的定额，可以通过该功能完成定额下人工含量的调整。

（2）导入/导出材料价格：可以将材料单价导出为自己的价格表，在其他项目中导入。

📢 提醒："计算材料"界面可对运输材料单击鼠标右键，也可以导出运输材料计算过程，在其他项目中导入。

（3）设置材料关联：可对同一类材料设置材料价格系数，当修改其中一条材料价格时，其他材料联动调整。如本项目计算的 t 单位的"钢筋"综合价，要同步至以 kg 单位的"钢筋Φ25"，可按图 14.1-4 设置。当计算材料的 钢筋有所调整时，锚杆Φ25 钢筋价格则会自动调整。

图 14.1-4　相关系数设定

（4）设置价格位数：可减少因 t 价格折算为 kg 价格时四舍五入造成的误差。如水泥预算价 445.21 元/t，保留两位小数 0.45 元/kg，最精确计算数据则应为 0.44521 元/kg。

任务 14.2　施工用电、水、风单价计算

【技能目标】

能根据施工方案完成施工用电、用水、用风单价计算。

【工作任务】

按项目实施方案计算本项目施工用电、施工用水、施工用风单价。

【解决工作任务】

14.2.1 编制施工用电单价

第一步 工程管理器"基础资料—电"界面（图 14.2-1），取消勾选"直接输入"选项，进入电单价计算编制界面。

第二步 单击按钮栏"套用机械"按钮，弹出发电机台班定额，按项目方案选用"JX8034 200kW 固定式柴油发电机"，并输入发电机台数。

第三步 按图 14.2-1 所示下部计算窗口中按项目给定参数分别录入电网百分比（98%）、电网基础电价（0.717）、高压线路损耗率（3%）、供电摊销率（0.04）、变配电线路损耗率（4%）、发电机出力系数（0.8）、厂用电率（3%）、循环冷却水费（0.06）、发电设备维修摊销费（0.05）。软件将按设定参数自动计算得到施工用电综合单价。

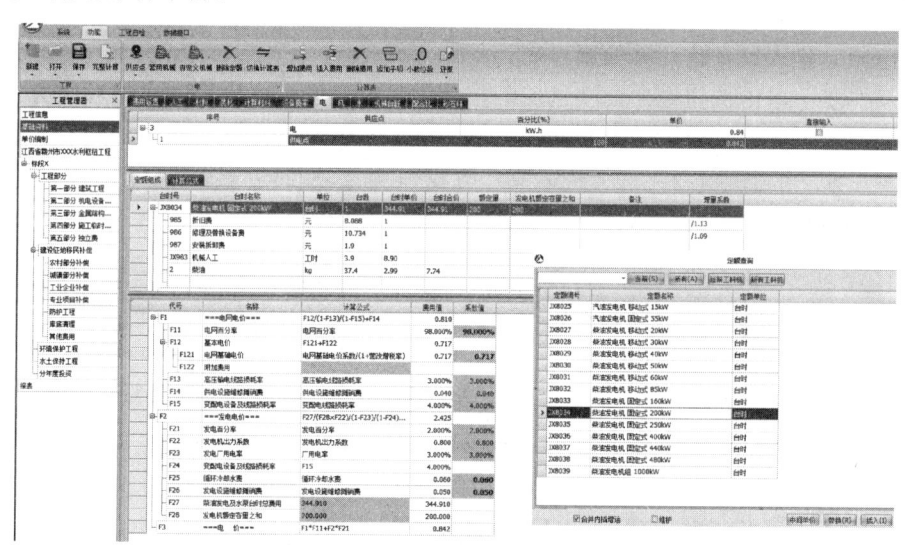

图 14.2-1 "基础资料—电"界面

14.2.2 编制施工用水单价

第一步 工程管理器"基础资料—水"界面（图 14.2-2），取消勾选"直接输入"选项，进入水单价计算编制界面。

第二步 单击按钮栏"套用机械"按钮，弹出水泵台班定额，按项目方案选用"JX9025 离心水泵 单级 55kW"，并输入水泵台数。

第三步 按图 14.2-2 所示下部计算窗口中按项目给定参数分别录入能量利用系数（0.8）、供水损耗率（10%）、供水设施维修摊销费（0.04）。

提醒："水泵额定容量之和"需查询水泵具体参数获得。软件最后将按设定参数自动计算得到施工用水综合单价。

14.2.3 编制施工用风单价

第一步 工程管理器"基础资料—风"界面（图 14.2-3），取消勾选"直接输

第二部分　水利工程造价软件应用

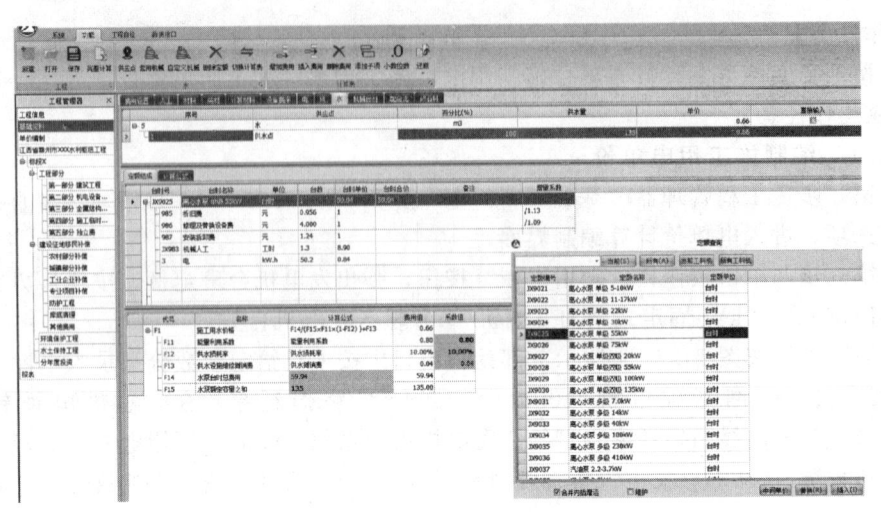

图 14.2-2　"基础资料—水"界面

入"选项，进入风单价计算编制界面。

第二步　单击按钮栏"套用机械"按钮，弹出空压机台班定额，按项目方案选用空压机台班并输入台数。

第三步　按图 14.2-3 所示下部计算窗口中按项目给定参数分别录入相关参数，软件将按设定参数自动计算得到施工用风综合单价。

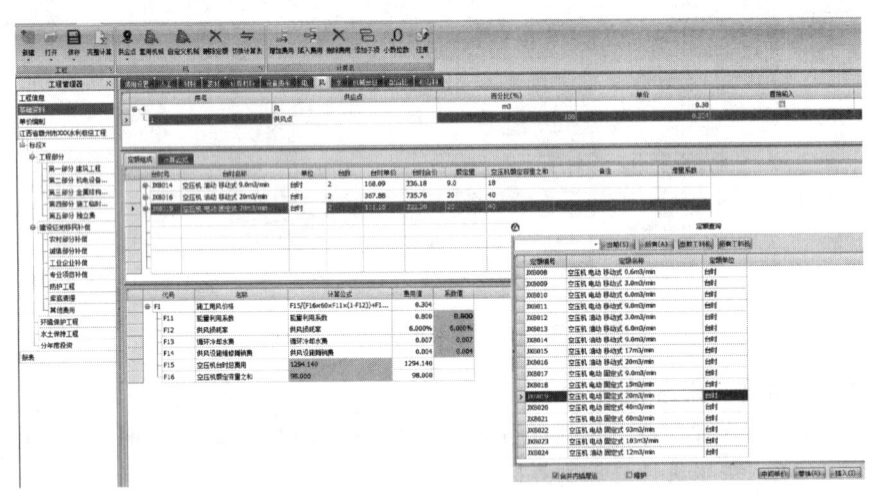

图 14.2-3　"基础资料—风"界面

任务 14.3　自采砂石料单价计算

【技能目标】

能根据施工方案正确计算自采砂石料单价。

【工作任务】

按项目一所述某水利枢纽工程施工方案完成本项目天然卵石、砂单价计算。

【解决工作任务】

编制卵石、砂单价如下。

第一步 工程管理器"基础资料—砂石料"界面（图14.3-1），根据砂石料开采方案编列出对应的工序清单。

第二步 对工序清单按实施方案套入对应定额，软件操作方法同任务13，如覆盖层清除，按任务方案套入概算定额"10532、10764"。

🔊 提醒：当前项目工序清单单位为 t/成品方，定额按 m³/成品方计算，需要在定额"基于清单单位输入"位置，按定额章节砂石料密度参考系数进行转换，软件支持计算式输入。

第三步 将计算得到的覆盖层清除系数及弃料系数填入相应的工序清单对应的数据列。

第四步 将定额系数及吨和立方米的密度转换系数计算后填入工序系数，如"天然砂砾料开采运输100t成品堆方，无超径石破碎或中间破碎，砂砾料采运量为110t，有1.1的转换系数，同时，吨转换为立方米密度参考系数为1.65，最终工序系数为1.1×1.65＝1.815"。

第五步 在计算得到的最终"骨料"行（如"砾石、砂"）对应的"材料号"中填入"基础资料—材料"界面用到该价格的材料编码［如碎（卵）石材料编码为28；砂材料编码为10］，砾石的综合单价102.02元/m³将同步至材料号为28的碎（卵）石单价中，97.80元/m³的砂单价同步至材料号为10的砂单价中。

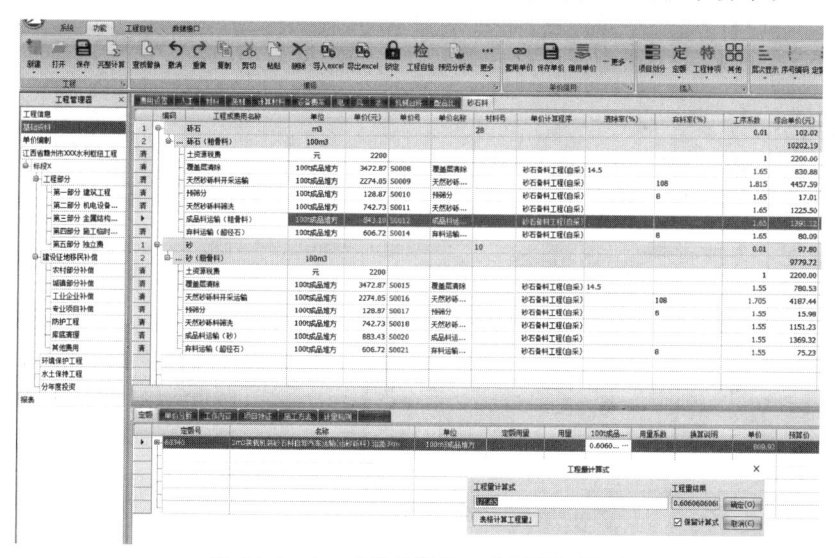

图14.3-1 "基础资料—砂石料"界面

任务14.4 自编混凝土及砂浆单价计算

【技能目标】

能根据施工方案完成各种配合比混凝土及砂浆单价计算。

【工作任务】

按项目一所述某水利枢纽工程施工方案完成含有外加剂的各种配合比混凝土及砂浆的单价编制。

【解决工作任务】

编制自编混凝土及砂浆单价如下。

📢 提醒：当项目采用定额库中标准配合比定额，无需单独进行单价编制操作，软件会自动按配合比材料组成计算得到混凝土及砂浆单价。本节介绍内容主要针对需要对标准配合比定额进行修改或自编的情况，如埋石混凝土、加入外加剂的混凝土或后期对配合比进行水泥强度等级、碎卵石、中粗砂抽换等操作。

第一步　工程管理器"基础资料—配合比"界面（图14.4-1），按钮栏点击"插入配合比"或"自编配合比"命令，将需要修改的标准配合比定额加入配合比材料列表窗口。

第二步　工程管理器"基础资料—材料"界面，按钮栏点击"增加材料"按钮，在弹出窗口中填入外加剂名称、单位、属性等内容，单击"新增"按钮加入材料库，如本项目用到的减水剂、引气剂，软件增加自定义材料操作界面如图13.0-8所示。

第三步　回到"基础资料—配合比"界面，在配合比材料列表窗口，选中需要编辑的配合比定额（如PH0405 纯混凝土 C15 2级配 水泥32.5 水灰比0.65），在中间配合比定额材料明细窗口，单击鼠标右键选择"插入材料"命令，在弹出的材料列表中将加入的减水剂、引气剂插入至材料明细列表中。

第四步　按施工方案中经试配后的配合比表数据调整当前配合比材料的用量。

图14.4-1　"基础资料—配合比"界面

※功能推荐

（1）埋石混凝土设置：选中需要设置的配合比材料，在配合比材料列表窗口的"埋石率"列输入施工方案中的埋石率；

提醒：部分地方定额（如贵州、江西等）的埋块石要求加在配合比材料外，操作位置在建安单价编制的"定额号"行，有对应埋石率（图14.4-2）可单击按钮进行设置。

图14.4-2 埋石混凝土设置

（2）同步到工程：当项目用到的配合比材料在当前界面后期进行调整后，需要通过同步功能将调整后的数据传递至工程项目中。

（3）水泥、碎卵石、中粗砂换算：在图14.4-1所示界面下部，勾选对应换算项，软件自动完成配合比材料系数计算。

任务14.5 自编施工机械台时及其单价计算

【技能目标】
能够根据施工方案完成补充机械台班单价的编制。

【工作任务】
按项目施工方案完成相关补充机械台时单价的编制。

【解决工作任务】
编制补充机械台时单价如下：

提醒：当项目采用定额库中标准机械台时定额，无需单独进行单价编制操作，软件会自动按机械台时定额计算得到机械台时定额单价。本节介绍内容主要针对标准机械台时定额缺项或进行修改的情况，如组班组时定额、租赁机械单价等。

工程管理器"基础资料—机械台班"界面（图14.5-1），（本项目施工方案给定骨料系统为420.13元/组时，水泥系统为488.62元/组时），选中骨料系统（水泥系统），在右下台班组成备选窗口中双击"三类费用"，加入机械台时组成明细窗口，并输入含量和用量。

提醒：给定的组时单价放在材料用量中，单价为1的系数，用该方式可以处理类似机械租赁台时单价。

※功能推荐
（1）内插法补充机械台班：执行"插入机械台班"命令，选中需要插入的台班

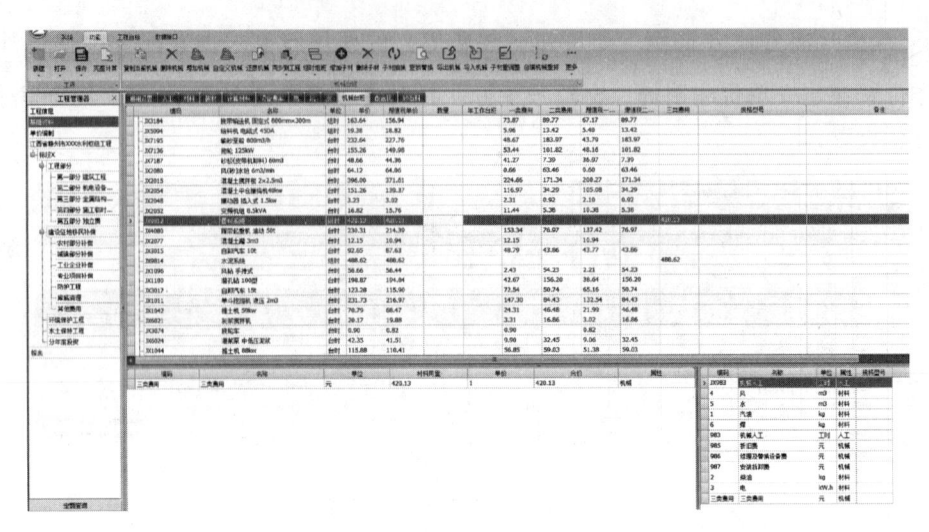

图 14.5-1 "基础资料—机械台班"界面

定额,单击"内插插入"按钮,软件按输入数值自动计算并得到补充机械台班及单价。

(2)"组班组时"编辑:如骨料系统、水泥系统,如有具体的施工方案,可以通过"组班组时"编辑功能完成其单价计算,如图 14.5-2 所示。

(3)同步到工程:当项目用到的机械台班在当前界面后期做了调整后,需要通过同步功能将调整后数据的传递至工程项目中。

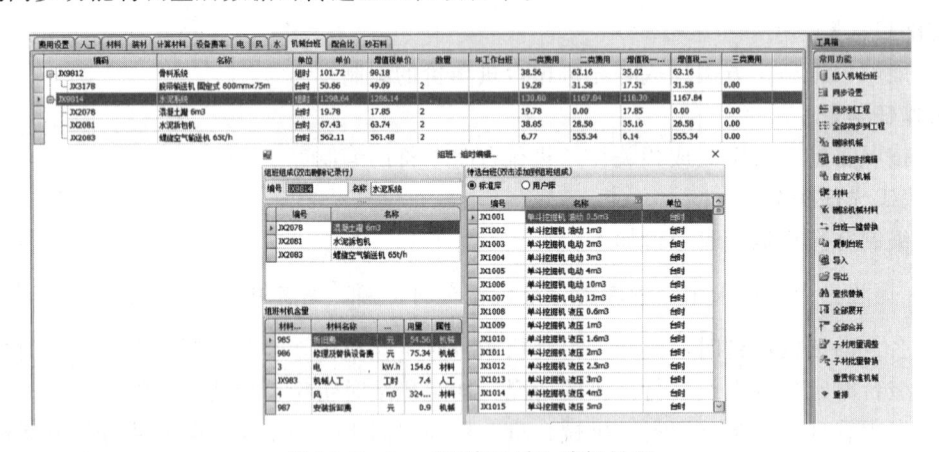

图 14.5-2 "组班组时"编辑界面

任务 15　项目一分部工程设计概算编制

任务 15.1　建　筑　工　程

【技能目标】

1. 能根据项目施工方案及编制规定中相关费用计算要求完成建筑工程设计概算编制。

2. 能够熟练应用造价软件的各种操作功能。

【工作任务】

按项目一所述某水利枢纽工程施工方案完成本项目建筑工程设计概算编制。

【解决工作任务】

15.1.1　编制主体建筑工程设计概算

编制主体建筑工程设计概算，当完成任务 13 建安单价编制后，软件自动按工程量乘以建安单价完成设计概算编制。

细部结构工程设计概算编制，如图 15.1-1 所示。

第一步　对清单项目对应的"工程量类型"（图 15.1-1 序号①）设置包含关键字为"混凝土"的类型名称，软件默认以单价取费名称设定，注意借用或补充定额的类型名称可能需要手动填写。

第二步　选中需要插入项目的数据行，在按钮栏单击"工程特项"按钮中的"细部结构"，调出细部结构清单窗口，按项目费用类型选择对应的细部结构费用，如本项目第一部分为"混凝土坝工程"，细部结构费用应该选用"混凝土重力坝、重力拱坝、宽缝重力坝、支墩坝"。

第三步　单击"工程量"下拉按钮（图 15.1-1 序号②），弹出细部结构工程量设置窗口，可在第一行空行采用关键字快速筛选，如图 15.1-1 序号③，勾选要计取的工程量基数，如图 15.1-1 序号④。

第四步　单击"插入"按钮，完成细部结构工程添加，然后手动选择计算程序为"混凝土工程"。

提醒：当后期有增加清单项目，在设置好工程量类型后，可直接单击加入的细部结构工程的工程量位置，单击下拉按钮，进行重新勾选设定。

15.1.2　编制交通工程设计概算

软件操作方法同编制主体建筑工程设计概算，如为直接采用指标价格，可以直接在项目单价中输入指标价。

图15.1-1 细部结构工程设计概算编制

15.1.3 编制房屋建筑工程设计概算

直接用指标计算的房屋建筑工程，直接将指标价格输入项目单价。

值班宿舍及文化福利建筑的投资按主体建筑工程投资的百分比计算，室外工程投资按房屋建筑工程投资的百分比计算，在软件按钮栏"工程特项"中执行对应的"值班宿舍及文化福利建筑"和"室外工程"的功能，系统弹出相应对话框，勾选计算基数，按项目实际输入费率值，软件自动完成费用计算，如图15.1-2所示。

图15.1-2 房屋建筑工程设计概算编制

15.1.4 编制供电设施工程设计概算

编制供电设施工程设计概算同15.1.2编制交通工程设计概算。

15.1.5 编制其他建筑工程设计概算

编制其他建筑工程设计概算同15.1.3编制房屋建筑工程设计概算。

任务15.2 机电、金属结构设备及安装工程

【技能目标】

1. 能根据项目施工方案及编制规定中相关费用计算要求完成机电、金属结构设备及安装工程设计概算编制。
2. 能够熟练应用青山计价软件的各种操作功能。

【工作任务】

按项目一所述某水利枢纽工程施工方案完成机电、金属结构设备及安装工程设计概算编制。

【解决工作任务】

15.2.1 编制安装工程费

当完成任务13建安单价编制后,软件自动按工程量乘以建安单价完成设计概算编制。

15.2.2 编制设备费

如果查询到的设备价格为到工地的价格,则可直接在设备原价中输入到工地的设备含税价。

如需编列设备运杂费、采购及保管费、保险费等计算得到设备价格,则操作方式如下:

第一步 在工程管理器"基础资料—设备费率"界面(图15.2-1)进行相关操作。

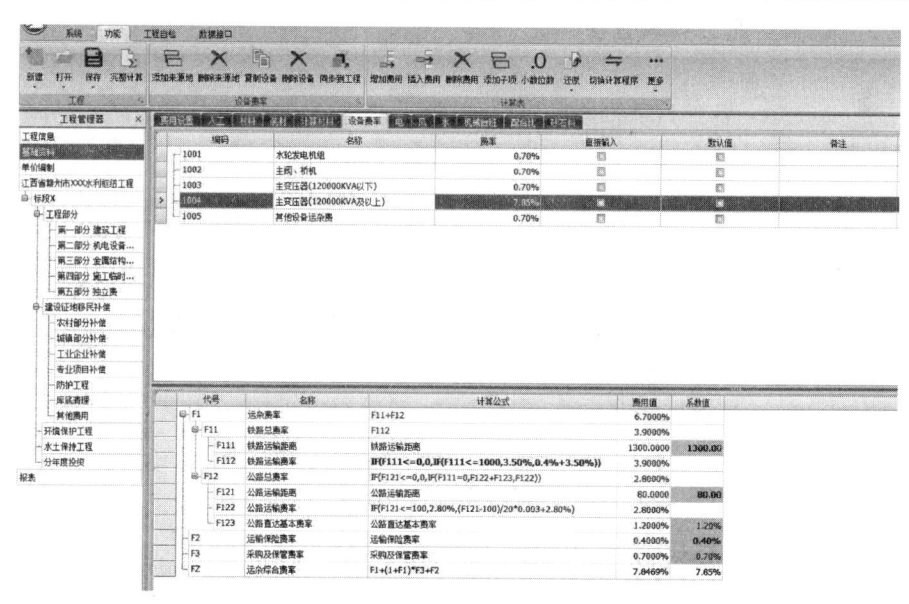

图15.2-1 "基础资料—设备费率"界面

第二步 本项目编列"150000kV·A国产变压器",选择"主变压器(120000kV·A及以上)"项,在费用计算窗口按施工方案输入铁路运输距离为

1300km，公路运输距离为80km，运输保险费费率为0.4%，采购及保管费费率为0.7%，软件将自动计算得到设备运杂费综合费率为7.85%。

第三步　进入工程管理器"第二部分　机电设备及安装工程"的"3.1.1 S9—16000/110"，设备原价输入2850000元，然后单击"设备运杂系数"按钮，在下拉列表中选择计算得到的运杂费综合费率（图15.2-2序号①）。

📢 提醒：该方式在预算表中只能看到计算后的结果数据，不能体现计算过程。

也可以在项目后追加一项空行（图15.2-2序号②），单击按钮栏 ▦其他 设备运杂费，弹出对话框勾选设备费计算基数项，可直接输入费率值，也可以在添加的设备运杂费项目点击"工程量"下拉选择设备运杂费综合费率。

📢 提醒：该方式可一次性计算当前分项所有设备的设备运杂费。

图15.2-2　设备运杂费综合费率

15.2.3　编制交通工具购置费

交通工具购置费的计取，单击按钮栏"机电工程特项—交通工具购置费"，如图15.2-3所示，软件自动判断第一部分建筑工程投资及对应计费费率，计算得到费用总额。

图15.2-3　"机电工程特项—交通工具购置费"界面

※功能推荐

（1）以设备原价计算安装费：在编制匡算或估算时，有时会以"设备原价×费率"方式计算设备安装单价，软件在多选设备清单项后执行该功能可批量完成设备安装单价的计算。

（2）单体图工程量×目录工程量计算清单项工程量，如图15.2-4所示的渠道工程，可批量选中其子项清单，在右侧基本属性窗口，勾选"单耗运算"，清单项自动乘以目录工程量 1200 得到实际量。

图 15.2-4　清单项工程量计算界面

任务 15.3　施工临时工程

【技能目标】

1. 能根据项目施工方案及编制规定中相关费用计算要求完成施工临时工程设计概算编制。

2. 熟练应用青山计价软件的各种操作功能。

【工作任务】

按项目一所述某水利枢纽工程施工方案及编制规定要求完成施工临时工程设计概算编制。

【解决工作任务】

15.3.1　编制导流工程、施工交通工程、施工场外供电工程设计概算

当完成任务 13 建安单价编制后，软件自动按工程量乘以建安单价完成编制。采用指标计算，直接将指标价格输入项目单价。

15.3.2　编制施工房屋建筑工程设计概算

施工仓库一般采用指标计算，直接将指标价格输入项目单价。

办公、生活及文化福利建筑采用按钮栏"工程特项—办公生活及文化福利建筑"（图 15.3-1），在弹出的对话框中按方案及编制规定的相关系数填入对应参数

图 15.3-1　"工程特项—办公生活及文化福利建筑"界面

项，软件自动完成费用计算。

📢 提醒：软件支持手动输入给定费率值，弹窗选项切换为"自填系数"。

15.3.3 编制其他施工临时工程

采用按钮栏"工程特项—其他临时工程"，按编制规定填入系数，软件自动计算其费用。

任务 15.4 独 立 费 用

【技能目标】

1. 能根据项目施工方案及编制规定中相关费用计算要求完成独立费用编制。
2. 熟练应用青山计价软件的各种操作功能。

【工作任务】

按项目一所述某水利枢纽工程施工方案及编制规定要求完成独立费用编制。

【解决工作任务】

如图 15.4-1 所示，按编辑规定计算独立费用明细。

图 15.4-1 独立费用编制

15.4.1 编制建设管理费

软件已按编制规定设置好计算式，自动根据建安费合计得到费用值。

15.4.2 工程建设监理费

按项目实际情况结合文件规定设定"专业调整系数""工程复杂程度调整系数""高程调整系数""浮动幅度值"，软件将自动计算数据结果。

📢 提醒：复杂程度调整系数、高程调整系数按"基础资料—费用设置"参数设置结果自动生成，也可以手动输入。

15.4.3 联合试运杂费

按项目实际情况输入发电机单机容量及台数。本项目为 2 台 12000 万 kW 水轮发电机。

15.4.4 生产准备费

各费用系数值按编制规定自动生成，如需调整可以直接在"系数值"中修改费率。

15.4.5 科研勘测设计费

按项目实施阶段及项目实际情况编列，确定好各系数，软件自动计算出费用值。

15.4.6 其他

按编规规定或项目实际情况确定费率值，软件自动计算费用值。

任务16　项目一其他部分编制

【技能目标】
1. 能正确编制移民征地投资费用。
2. 能正确汇入水土保持、环境保护工程投资费用。
3. 能够正确编制分年度投资。
4. 能够正确设置参数完成基本预备费、价差预备费、融资利息的计算。

【工作任务】
按项目一所述某水利枢纽工程施工方案完成本项目移民征地、水保、环保工程、分年度投资、预备费、利息编制。

【解决工作任务】

16.0.1　编制移民征地投资费用

按项目实际情况及编制规定，在工程管理器"建设征地移民补偿"节点（图16.0-1）完成相关费用的编列。本项目固定投资额为134895476.57元，直接在"建设征地移民补偿"节点"静态投资"计算式中输入该数值。

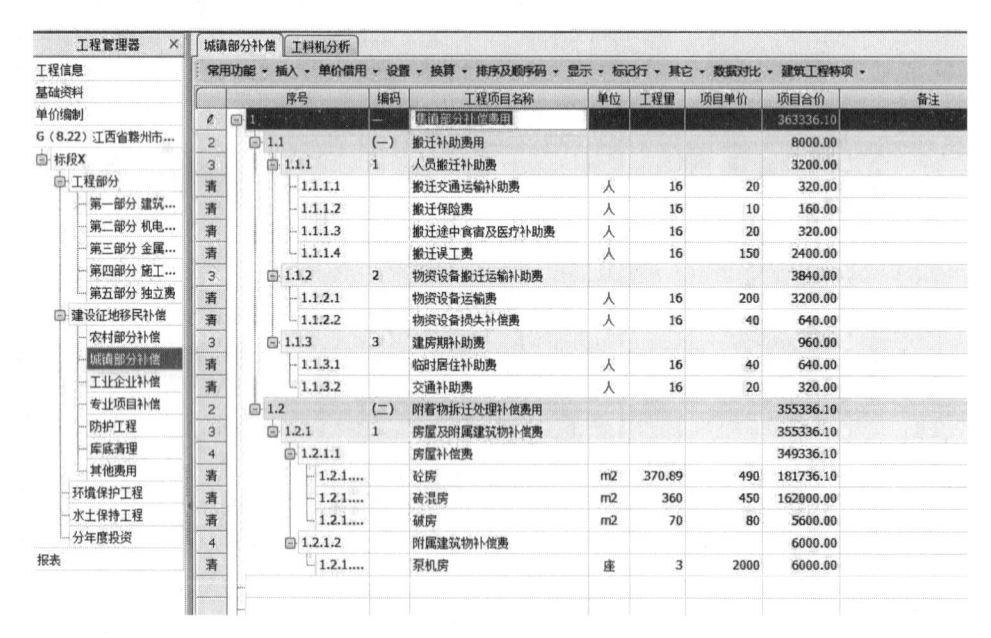

图16.0-1　"建设征地移民补偿"节点

16.0.2　汇入水土保持、环境保护工程投资费用

该部分主要为汇总水土保持、环境保护工程投资费用。

📢 提醒：水土保持、环境保护工程投资费用明细计算需参照水土保持和环境保护编制规定及相关定额标准单独计算。

本项目在工程管理器"环境保护工程、水土保持工程"节点的"静态投资"计算式中输入方案给定数值。

16.0.3 编制分年度投资、基本预备费、价差预备费、融资利息

第一步 在工程管理器"分年度投资"节点（图 16.0-2），在参数配置中按本项目方案设计分部设置：总工期为 3 年，物价指数为 8%，贷款利率为 4.9%，基本金比率为 35%，基本预备费费率为 5%。

图 16.0-2 "分年度投资"节点

第二步 在费用投资明细窗口，按方案输入各年度投资比例（图 16.0-2），软件自动计算出各年度投资额、基本预备费、价差预备费、融资利息，如图 16.0-3 所示。

📢 提醒：在融资利息计算过程中，软件支持基本金迭代计算，使利息计算更加精确。

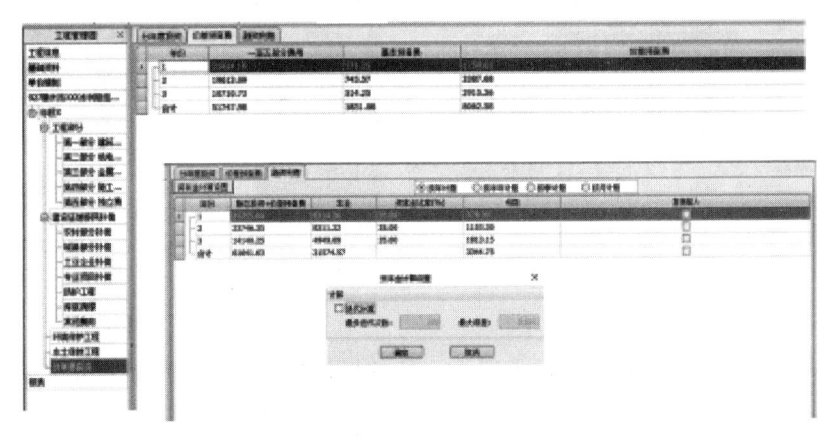

图 16.0-3 输入各年度投资比例

任务17　项目一概算报表输出

【技能目标】
1. 能够对报表进行简单的格式调整。
2. 能够通过软件设计功能对报表进行简单的数据及格式设计。
3. 将自己编制的数据成果输出为 Excel、Word、PDF 格式的文档。

【工作任务】
导出项目一所述某水利枢纽工程设计概算 Excel 格式文档。

【解决工作任务】

17.0.1　报表调整

当完成整个项目编制后，最终需要输出成果文档。进入工程管理器"报表"节点，软件报表按编制规定分类及顺序编列，如图 17.0-1 所示。

软件报表调整功能主要有"调整""参数"选项两种方式："调整"主要对选中报表的字体、字号、行高、表格线宽、纸张方向、打印边界、报表列的显示/隐藏控制、表格列数据对齐的设置；"参数"选项主要对报表生成的数据进行控制，如预算表元/万元切换、数据合并、部分费用明细数据打印、数据层级打印等。

提醒：软件大部分报表都有参数选项供选择控制报表。

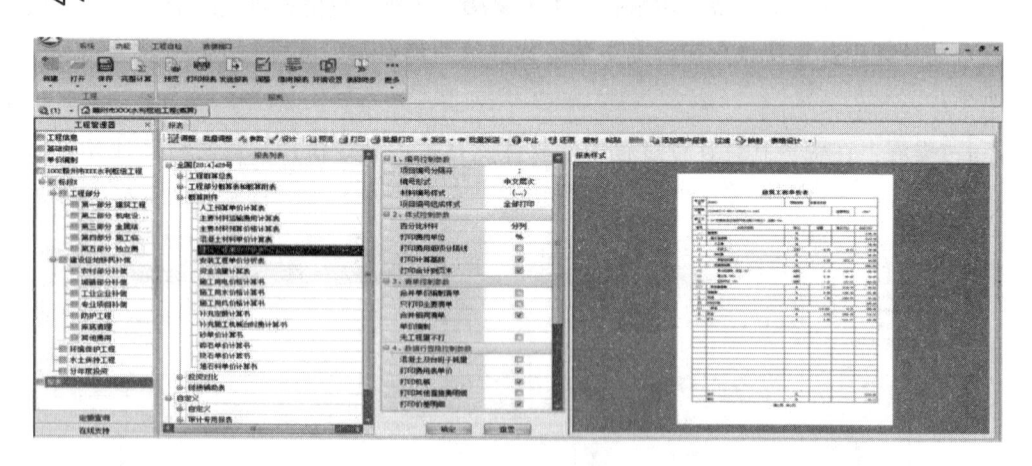

图 17.0-1　报表调整

17.0.2　报表设计

针对报表有特殊数据要求的情况下，软件提供报表设计功能，单击"设计"按钮，在设计窗口支持对表头、表脚、数据列/行数据的新增/删除、相关内部宏变量引用等操作，如图 17.0-2 所示。

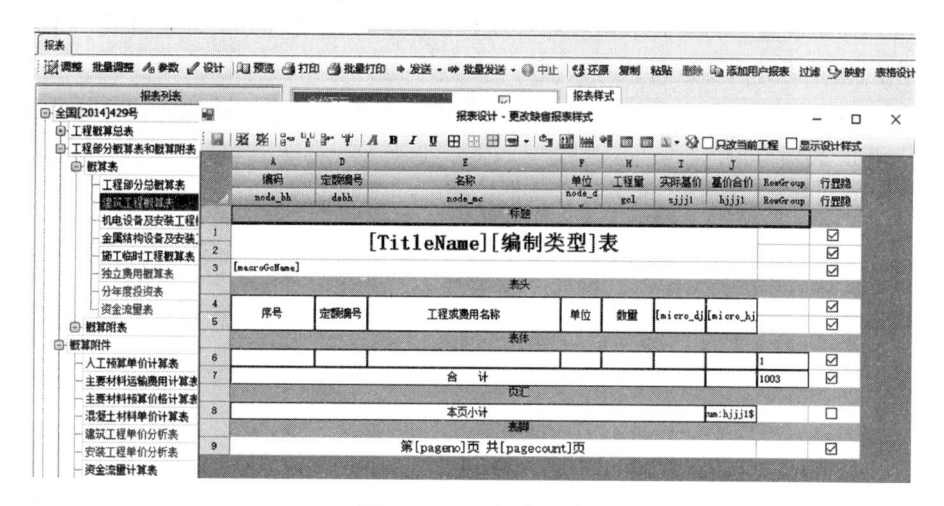

图 17.0-2 报表设计

17.0.3 报表输出

完成报表格式调整后,通过软件的发送/批量发送或打印/批量打印按钮,实现报表成果的输出,保存为文档的格式支持 Word、xlsx、PDF,批量发送选项窗口如图 17.0-3 所示。在报表列表窗口中按实际情况勾选需要输出的报表。各选项功能如下。

图 17.0-3 批量发送选项窗口

(1) 打印目录:在报表正式数据页面之前生成目录页。

(2) 续页(续上页):用于发送的报表连续编排页码。

提醒:连续编页需勾选报表对应"是否编页"选项。

(3) 起始页码:软件可以按给定页码数开始往后编页。

(4) 计算页数:当表脚显示有共多少页的时候,需要勾选计算出所有页码数。

(5) 分标段发送:当有多标段数据时,勾选该选项,每个标段数据单独输出为一个文档进行保存。

※功能推荐

(1) 环境设置：可对报表数据单位上标、页面数据是否分页、装订线、工程项目名称信息样式等内容进行统一设置。

(2) 表脚同步：如有表脚信息可修改其中一张表，通过该功能将调整结果批量同步至其他报表。

任务18　项目一工程投资估算编制

【技能目标】
1. 了解设计概算与投资估算编制的差异性。
2. 能够按照编制规定要求编制投资估算文件。

【工作任务】
完成项目一所述某水利枢纽工程工程投资估算的编制。

【解决工作任务】
按前述给定的案例数据，项目的建安单价、基础价格、分部工程、年度投资等信息完全一致。

其中，新建工程编制阶段选择"估算"创建工程估算文件，如图18.0-1所示，同时软件支持在工程管理器"费用设置"中的"编制类型"下拉设置为"估算"，如图18.0-2所示，可将概算文件转换为估算文件，也可以将估算文件转换为概算文件。软件按编制规定要求自动刷新"扩大系数"基本预备费费率值。

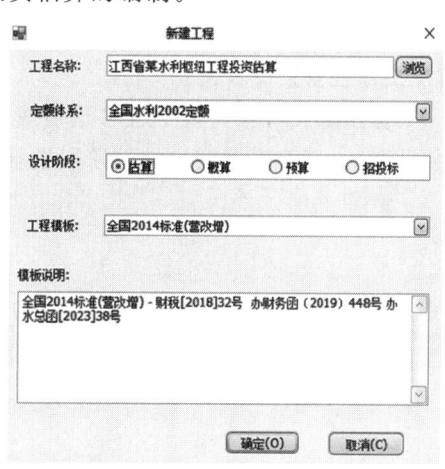

图18.0-1　创建工程估算文件

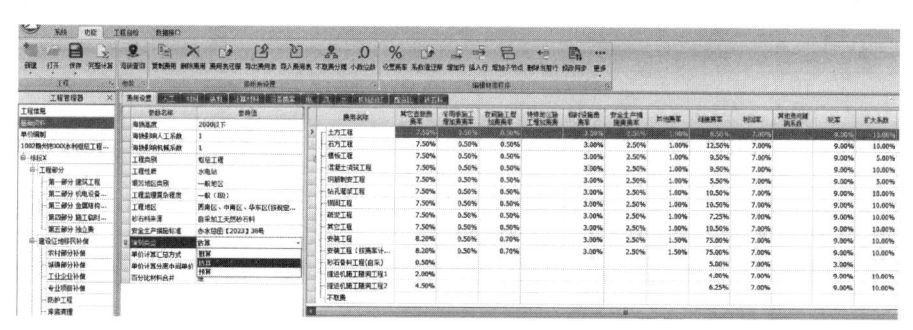

图18.0-2　设置编制类型为估算

任务19 项目二新建及工程参数设置

【技能目标】
1. 能够正确选用定额标准及编制规定标准。
2. 能够通过实施方案信息在青山计价软件中正确设置各参数值。

【工作任务】
完成项目二所述某中小河流河道治理工程施工预算文件的新建,并按项目方案正确设置项目参数。

【解决工作任务】
工程预算文件新建及工程参数设置,软件操作方法同"任务12.1 工程新建及参数设置",新建工程窗口编制阶段选择预算。

任务 20　导入项目二工程量清单、编制预算工程单价

【技能目标】
1. 能够准确导入工程量清单数据，并正确设置目录层级关系。
2. 能正确选用定额并完成定额套用。
3. 能根据施工方案信息正确调整定额内容。

【工作任务】
1. 完成对项目二所述某中小河流河道治理工程工程量数据导入。
2. 完成项目二所述某中小河流河道治理工程建安单价编制。

【解决工作任务】

导入工程量清单及建安单价，软件操作方法同"任务 12.2 导入项目工程量清单、任务 13 编制项目一概算工程单价"。

※扫右侧二维码下载工程量清单 Excel 文档。

任务 21　项目二基础单价编制

【技能目标】
1. 能够根据项目实际情况搜集并编制基础价格。
2. 能应用常规工具查询材料价格。

【工作任务】
完成项目二所述某中小河流河道治理工程基础人工、材料价格的编制。

【解决工作任务】
基础价格编制，软件操作方法同"任务 14 项目一基础单价编制"。

任务22 分部工程预算编制

【技能目标】
能够根据项目实际情况完成分部工程预算编制。

【工作任务】
完成项目二所述某中小河流河道治理工程分部工程预算编制。

【解决工作任务】
分部工程预算编制，软件操作方法同"任务15 项目一分部工程设计概算编制"。

任务 23　项目二施工图预算报表输出

【技能目标】

能够根据项目实际输出报表。

【工作任务】

完成项目二所述某中小河流河道治理工程成果表的输出。

【解决工作任务】

报表输出，软件操作方法同"任务 17 项目一概算报表输出"。

任务 24　项目二招投标文件新建及工程参数设置

【技能目标】
1. 能够正确选用定额标准及编制规定标准。
2. 能够通过施工方案信息在青山计价软件中正确设置各参数值。

【工作任务】
完成项目二所述某中小河流河道治理工程招投标文件的新建，并按项目方案正确设置项目参数。

【解决工作任务】
新建及工程参数设置，软件操作方法同"任务 12.1 工程新建及参数设置"，编制阶段选择"招投标"。

任务 25　导入项目二招标工程量清单、编制工程单价

【技能目标】

1. 能够准确导入工程量清单数据，并正确设置目录层级关系。
2. 能正确选用定额并完成定额套用。
3. 能根据施工方案信息正确调整定额内容。

【工作任务】

1. 完成项目二所述某中小河流河道治理工程工程量清单数据导入。
2. 完成项目二所述某中小河流河道治理工程建安工程单价编制。

【解决工作任务】

导入工程量清单及建安工程单价，软件操作方法同"任务 12.2 导入项目工程量清单、任务 13 编制项目一概算工程单价"。

扫二维码下载工程量清单文件。

任务 26　项目二投标报价基础单价编制

【技能目标】
1. 能够根据项目实际情况搜集并编制基础价格。
2. 能应用常规工具查询材料价格。

【工作任务】
完成项目二所述某中小河流河道治理工程基础人工、材料价格的编制。

【解决工作任务】
基础价格编制，软件操作方法同"任务 14 项目一基础单价编制"。

任务 27　编制项目二招标工程量清单、输出报表

【技能目标】

1. 根据施工方案或设计资料，依据水利工程清单计价规范编制项目特征及清单编码等信息。

2. 根据工程量清单计价规范及招标范本文件要求输出需要的招标文件。

【工作任务】

1. 按工程量清单计价规范要求及项目资料，完成项目特征及清单编码等信息的编制。

2. 完成招标工程量清单文件的输出。

【解决工作任务】

27.0.1　编制项目特征

在工程管理器"分类分项项目"中选中清单项，在定额窗口单击"项目特征"页签，如图 27.0-1 所示，可在界面编列该条清单项的特征描述（序号①），然后单击"保存"按钮完成内容保存，最终可以在清单窗口（序号④处）进行内容展示。

图 27.0-1　"分类分项项目"界面

27.0.2　编制清单编码

依据水利工程清单计价规范要求，编制清单对应的规范编码、名称、特征等信息，但因各地政策的差异性，部分地区在采用设计的项目清单名称、单位信息时，

仅对其冠以12位清单编码信息，用户可通过图27.0-2所示套用或按钮栏"序号编码—项目编码设置"进行快速编号。

图27.0-2 套用清单编码

27.0.3 报表输出

在项目招投标编制阶段中，软件提供了常用预算报表、控制价用表、国标清单专用表、结算用表、审计用表等常用的报表，在项目编审时可按实际需要选择，如图27.0-3所示。

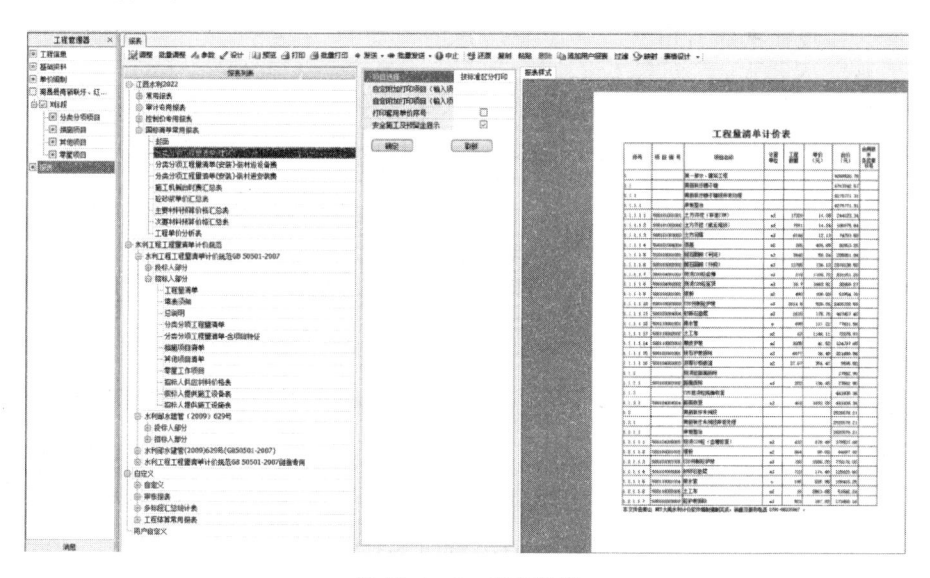

图27.0-3 报表输出

任务 28　电子招标、投标接口文件生成

【技能目标】
1. 了解水利行业电子招投标的编制方式。
2. 能够通过电子招标接口获取招标清单。
3. 能够通过电子标投标接口生成投标文件。

【工作任务】
了解青山计价软件电子标招标、投标数据接口的应用。

【解决工作任务】
新建完"招投标"阶段工程文件，单击"数据接口"菜单，可通过各地数据接口获取电子标招标清单数据，同理，可将编制好的投标预算文件生成专用的投标文件数据上传至投标系统，如图 28.0-1 所示。

本教材软件应用部分完整工程数据文件下载（供参考），工程文件数据包含：

项目一设计概算.qhf

项目一工程投资估算.qhf

项目二施工图预算.qhf

项目二投标报价.qhf

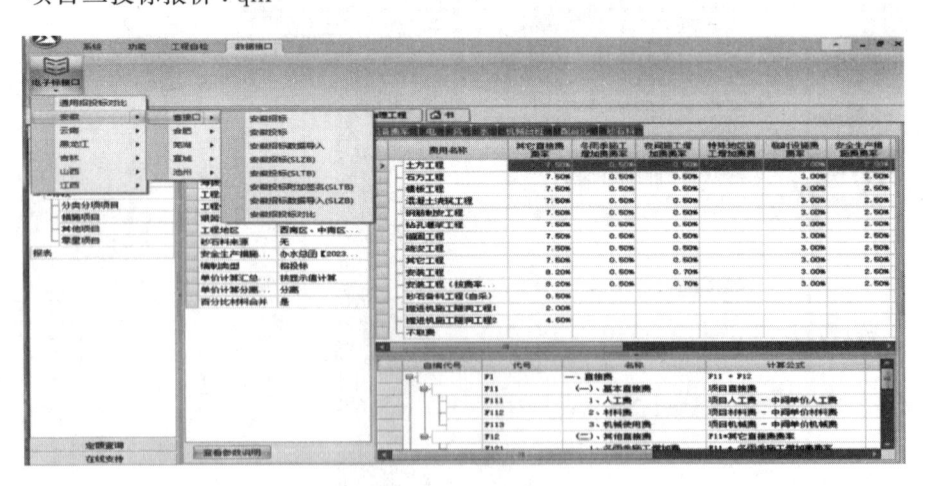

图 28.0-1　电子招投标

任务 29　青山大禹水利计价软件竞赛版应用

【技能目标】

了解青山大禹水利计价软件竞赛版功能。

【工作任务】

可通过该软件完成模拟考核。

【解决工作任务】

青山.net 大禹水利计价软件竞赛版（考试版）主要为全国水利职业院校技能大赛"水利工程造价"赛项电算化考核而研发的专用程序，考生通过该软件完成工程造价文件编制后提交数据，平台自动评分并排名。该软件可应用于各院校水利工程造价电算化测评、技能竞赛等。

使用步骤：

第一步：安装并运行"青山.net 大禹水利计价软件竞赛版"，启动方式选择"网络版"，输入网络加密锁服务器 IP 地址，如图 29.0-1 所示。

图 29.0-1　输入网络加密锁服务器 IP 地址

第二步：输入考试自动评分服务器 IP 地址及端口号，以及考生姓名和考号信息，如图 29.0-2 所示。

图 29.0-2　输入相应数据

第三步：内容编制同概预算、招投标各任务内容。

第四步：完成任务编制后，点击菜单栏"竞赛模式－提交"，提交数据，如图 29.0-3 所示，系统自动评分并排名。

图 29.0-3 提交数据

任务 30　实训任务一　某河道治理工程概算编制

【技能目标】
1. 能独立阅读并理解项目编制内容。
2. 能独立完成项目概算文件的编制。

【工作任务】
通过计价软件完成任务编制，并分别生成 Excel、Word、PDF 格式的概算成果文档。

【任务背景】
某河道治理工程任务主要为保护居民及耕地，通过新建护岸，使工程区岸坡能抵御洪水侵袭，工程范围为 10km，综合治理长度为 9.3km。治理河段新建护岸 7.68km，护岸形式主要采用 M10 浆砌块石护底，以增加河道的行洪断面、提高河道的行洪能力、保护河道两岸农田、减轻洪灾损失，保障地方经济持续稳定发展，项目位于临沧江凤庆县。

（一）工程使用的风、水、电设计方案如下，未明确期间取值均取最大值：

工程用电 90% 采用外购电，非工业电价为 0.841 元/(kW·h)，国家规定的加价为 0.010 元/(kW·h)，工程输电线路较远，工地较集中，10% 采用自发电，自发电采用 200kW 柴油发电机两台，采用多级离心水泵 100kW 供给冷却水。

工程用风采用 A、B 两个供风系统，供风比例分别为 30% 和 70%，A 供风系统采用 103m³/min 电动固定式空压机 1 台和 60m³/min 电动固定式空压机 1 台，B 供风系统采用 103m³/min 电动固定式空压机 1 台和 93m³/min 电动固定式空压机 1 台，均采用循环冷却。

施工用水采用单级单吸离心泵功率为 75kW（额定流量 200m³/h）。

（二）水泥、钢筋、木材等主要材料价格及部分材料运输条件如下。

当地预算价（不含税）分别为：钢筋 3527.26 元/t，中砂 151.91 元/m³，块石 96.21 元/m³，碎卵石 91.15 元/m³，汽油 9814.16 元/t，柴油 8097.35 元/t。

其中工程用的 32.5 水泥自甲水泥厂采购，出厂价为 317 元/t，火车运 100km 到达转运站再用汽车运 65km 至工地分仓库，工地分仓库距工地现场还有 2km。火车运费 0.65 元/km，装载系数为 0.83，毛重 1.2。火车装车费为 8.2 元/(t·次)，卸车费为 7.1 元/(t·次)。汽车运费为 0.72 元/(t·km)，装卸费为 17 元/t，运输保险费率为 2‰，车上交货。42.5 水泥自乙水泥厂采购，出厂价为 417 元/t，汽车运 140km 至工地分仓库，工地分仓库距工地现场还有 2km，汽车运费为 0.46 元/(t·km)，装卸费为 15 元/t，运输保险费为 0.7‰。

（三）其他规定：安全文明施工费不在项目单价中编制，在第四部分施工临时工程最后列项计算，计算基数按建安费基本直接费计算。

（四）主要工程量。

序号	项目名称	单位	数量	单价/元
一	建筑工程部分			
1	河道疏浚，杂树石子清理			
1.1	河道清淤（外运2.5km）	m³	13260	
2	河段两岸工程			
2.1	左岸工程			
2.1.1	新建3m重力式浆砌石挡墙护岸			
	浆砌石挡墙	m³	650	
	聚乙烯泡沫	m²	63	
	C20混凝土压顶	m³	19	
	砂卵石防冲槽	m³	42	
	土方开挖（外运1.5km）	m³	630	
	土方回填（外购2km）	m³	470	
	ϕ75PVC排水管	m	100	
	反滤包	个	93.7	
	模板工程	m²	90	
2.2	右岸工程			
2.2.1	新建3.5m重力式浆砌石挡墙护岸			
	浆砌石挡墙	m³	1043	
	聚乙烯泡沫	m²	78	
	C20混凝土压顶	m³	25	
	砂卵石防冲槽	m³	187	
	土方开挖（外运1.5km）	m³	2500	
	土方回填（外购2km）	m³	1145	
	钢筋制安	t	5.69	
	粗砂垫层	m³	70	
	ϕ75PVC排水管	m	380	
	反滤包	个	391	
	模板工程	m²	120	
二	机电设备部分			
1	购置移动潜水泵（含发电、照明、排洪）			
	购置移动潜水泵（含发电、照明、排洪）	台	10	设备费30000
	运杂费	%		
三	金属结构部分			
1	双壁波纹管，环刚度≥9kN/m² DN800主管	m		

续表

序号	项目名称	单位	数量	单价/元
	高密度聚乙烯双壁波纹管，环刚度≥9kN/m² DN800 主管	m	920	
四	施工临时工程部分			
1	导流工程			
1.1	导流明渠工程			
	土方开挖	m³	2100	指标价 17.89 元
	明渠封堵填筑	m³	2100	指标价 93.52 元
1.2	围堰工程			
	堰体填筑	m³	3144	指标价 82.36 元
	堰体拆除	m³	3144	指标价 24.31 元
2	施工交通工程			指标价 15 万元
3	施工供电工程			指标价 5 万元
4	房屋建筑工程			
	施工仓库	m²	200	指标价 200 元
	办公、生活及文化福利建筑	%	1.5	
5	其他临时工程			
6	安全生产措施费	%	2.5	
五	环境保护工程投资			368014.65
六	水土保持工程投资			5758624.57

（五）主要施工方案如下，特别说明该工程统一使用碎石、中砂施工。

（1）河道清淤：先用 0.6m³ 挖掘机挖淤泥、流砂，8t 自卸汽车运输，运距为 1.5km，再通过人工清淤挖装运 35m 来进行河道清淤工程。

（2）管道沟土方开挖：采用 1m³ 液压挖掘机挖渠道土方用 8t 自卸汽车运输（Ⅳ类土）运距 3km。

（3）浆砌块石工程：护岸形式主要采用 M10 浆砌块石护底。

（4）聚乙烯泡沫板：5780 元/100m²。

（5）模板工程：普通平面木模板的安装与制作。

（6）C20 混凝土压顶：工程施工为砌体压顶混凝土 C20-2 级配（42.5），采用 0.8m³ 搅拌机拌制混泥土，胶轮车运输 500m。

（7）砂卵石防冲槽：进行人工抛石防护水下边坡用来有效分散水流冲击力，减小水流对河床的冲刷。

（8）ϕ75PVC 排水管：工程采用 PVC 排水管进行排水。其中管道内径为 50mm，外径为 60mm。

（9）钢筋制安：钢筋的制作与安装。

（10）碎石垫层：人工铺筑砂石垫层。

(11) 反滤包：反滤包滤土排水，防止管涌和流土，可保护土壤不流失，平均 5 元/个。

（六）次要材料参考价格（不含税）。

序号	名称	规格	单位	单价	序号	名称	规格	单位	单价
1	合金钻头		个	170	29	PVC管		m	78.2
2	钻头	150型	个	120	30	高密度聚乙烯双壁波纹管		m	1645
3	冲击器		套	90	31	铁件		kg	7.2
4	炸药	2号岩石铵梯	t	7300	32	防锈漆		kg	22
5	炸药	4号抗水岩石铵梯	t	8200	33	铅油		kg	20
6	火雷管		个	1.1	34	塑料膨胀管	$\phi 6 \sim 8$	个	1.3
7	电雷管		个	1.2	35	冲击钻头	$\phi 6 \sim 8$		15
8	导火线		m	0.9	36	膨胀螺栓	M6~8	套	2
9	导电线		m	0.7	37	镀锌螺栓	M10×75	套	2.5
10	钢筋		t		38	封铅		kg	50
11	铁丝		kg	7.5	39	镀锌铁丝	8#~10#	kg	7
12	电焊条		kg	8.4	40	电缆卡子	1.5×32	个	30
13	合金片		kg	12.5	41	电缆吊挂		套	120
14	金刚石钻头		个	300	42	标志牌		个	50
15	扩孔器		个	100	43	塑料带	20×40m	卷	7
16	岩芯管		m	80	44	塑料胶粘带	20×50m	卷	10
17	钻杆		m	70	45	自粘塑料带	20×5m	卷	10
18	钻杆接头		个	30	46	半导体布带	20×5m	卷	8.2
19	水		m³		47	裸铜线	20mm²	m	25
20	电		kW·h		48	铜接线端子	≤35mm²	个	10
21	风		m³		49	塑料手套	ST型	个	2.2
22	煤		t	1200	50	塑料雨罩	YS型	个	5.7
23	柴油		t		51	中砂		m³	
24	汽油		t		52	块石		m³	
25	水泥	32.5	t		53	碎石		m³	
26	预制混凝土土柱		m³	200	54	粗砂		m³	170
27	土工布		m²	17	55	水泥	42.5	t	
28	锯材		m³	1200	56	型钢		kg	8.9

任务 31　实训任务二　某引水工程预算编制

【技能目标】
1. 能独立阅读并理解项目编制内容。
2. 能独立完成项目预算文件的编制。

【工作任务】
1. 通过计价软件完成任务编制，并分别生成 Excel、Word、PDF 格式的预算成果文档。
2. 将预算文件转换成招标文件，并分别生成 Excel、Word、PDF 格式的预算成果文档。

【任务背景】
某引水河道工程位于陕西省安康市白河县，北边山势平缓，河谷较宽，南边山势高突，河谷较窄。治理河道长 17km，设计流量 7m³/s，工程河段主要建设内容为新建浆砌块石挡墙护岸段，河道疏挖清障段。本工程主要建筑物级别为 4 级，次要建筑物及临时建筑物级别均为 5 级，治理河段防洪标准采用 10 年一遇设计洪水，总工期为 3 年。

（一）工程使用的风、水、电设计方案如下，未明确期间取值均取最大值：

工程施工供电电网售电电价除税价格为 0.67 元/(kW·h)，国家规定的加价为 0.012 元/(kW·h)。变配电设备及电路损耗率取 4%，供电设备维修摊销费取 0.04 元/(kW·h)。

工程用风价格根据施工组织设计确定，有关计算参数：供风损耗率 10%，单位循环冷却水费取 0.007 元/m³，供风系统采用 103m³/min 电动固定式空压机 1 台，均采用循环冷却。

施工用水预算价格根据施工组织设计确定供水规模，布置方案按编制规定计算，其中工程采用单级单吸离心泵功率为 55kW（额定流量 150m³/h），供水损耗率 10%。

（二）工程主要材料运输方案如下：

工程用 32.5 水泥自甲水泥厂采购，出厂价为 300 元/t，火车运 170km 到达转运站再用汽车运 20km 至工地分仓库，工地分仓库距工地现场还有 2km。火车运费 0.55 元/km，装载系数为 0.9，毛重 1.2。火车装车费为 9 元/(t·次)，卸车费为 7 元/(t·次)。汽车运费为 0.75 元/(t·km)，装卸费为 15 元/t，运输保险费率为 2‰，车上交货。42.5 水泥自乙水泥厂采购，出厂价为 350 元/t，汽车运 140km 至工地分仓库，工地分仓库距工地现场还有 2km，汽车运费为 0.75 元/(t·km)，装卸费为 15 元/t，运输保险费为 0.7%。

101

(三) 工程主要施工方案如下：

(1) 土方开挖工程。渠道土方开挖，采用 1m³ 挖掘机开挖，土料弃运采用 8t 自卸汽车运输 2.6km。

(2) 石方开挖工程单价。在密实的石灰岩山体上引一条直墙圆拱形引水隧洞，单向开完采用风钻钻孔爆破开挖，隧洞全长 1500m，火线引爆实体岩石自然湿度的平均容重 2500kN/m³，极限抗压强度 9500kg/cm²，隧洞过水面积为 13.9m²，隧洞衬砌厚度、地板厚度均为 0.8m，过水后直墙上圆拱形直径为 2.5m，直墙高度 4.0m，弃渣场距离进口 10.10km，采用 1m³ 装载机 8t 自卸汽车运输。

(3) 土方填筑工程。附近土坝物料压实采用自料场直接运输上坝，采用羊角碾 8~12t 压实，采用履带式拖拉机 74kW，10t 自卸汽车运输 4.6km，土料设计干容重为 16.57kN/m³。

(4) 砌石工程单价。M10-(32.5) 浆砌条料石挡土墙。

(5) 模板工程单价。该工程的肘管进口直径 D48.00m，计算该模板的制作与安装。

(6) 混凝土工程单价。该标段无压隧洞衬砌工程，衬砌厚度 0.80m，开挖横断面积 27.4m² 隧洞总长 1.9km，混凝土泵入仓浇筑单项衬砌，且工程进行边开挖边衬砌。进口分别距离混凝土搅拌站 1.7km，使用混凝土 C25（三）-42.5，采用台 0.8m³ 搅拌机拌制混凝土，8t 自卸汽车运输。

(7) 钢筋工程单价。加工场地位于施工现场 2km 处，制作安装重力坝溢流坝坝面部位的钢筋。

(8) 钻孔、灌浆工程单价。隧洞高 3.5m，钻机钻岩石层固结灌浆孔，岩石等级为Ⅸ级，孔深为 70m，透水率为 8Lu，采用自下而上灌浆法进行固结灌浆。

(9) 锚固工程单价。地面药卷锚杆（Φ25）锚固工程，锚杆嵌入岩石的设计平均有效长度为 5.0m，外露锚头 0.25m，岩石等级为Ⅸ级，气腿式风钻钻孔，锚固砂浆强度 M10-(32.5)。

(10) 喷浆工程。隧洞地下钢筋混凝土面喷浆工程，不采用防水粉，75L 喷浆机进行喷浆，厚度 2cm，水泥 42.5。

(11) 止水伸缩缝过程。引水渡槽中伸缩缝采用沥青油毛毡"二毡三油"填充。

(12) 防渗墙工程

平面防渗面板，采用密集配的沥青混凝土 C25（三）-42.5，10t 载重汽车运输 0.5km 现场浇筑、养护，骨料沥青系统取 200/组时。

(四) 材料参考价格（价格为不含税预算价）。

序号	材 料	单位	预算价	序号	材 料	单位	预算价
1	柴油	kg	6.35	5	炸药	kg	7.85
2	水	m³		6	风	m³	
3	合金钻头	个	200	7	导火线	m	1.2
4	火雷管	个	1.5	8	电	kW·h	

续表

序号	材料	单位	预算价	序号	材料	单位	预算价
9	水泥 32.5	t		29	电缆吊挂	套	30
10	中砂	m³	94	30	焊锡	kg	10.00
11	水泥 42.5	t		31	电缆	m	10.50
12	碎石	m³	85	32	塑料软管	kg	20.00
13	汽油	kg	6.67	33	电缆管	kg	5.50
14	块石	m³	80	34	铁构件	kg	4.80
15	钢筋	t	3846.87	35	合金片	Kg	20
16	小石	m³	90.00	36	锚杆附件	kg	12.00
17	锯材	m³	1450.00	37	钻杆	m	32
18	铁丝	kg	4.50	38	扩孔器	个	20
19	铁件	kg	5.00	39	岩芯管	m	20
20	电焊条	kg	7.50	40	钻杆接头	个	50
21	金刚石钻头	个	120	41	卡扣件	kg	5.5
22	空心钢	kg	20	42	组合钢模板	kg	105
23	塑料胀管 $\phi 6 \sim 8$	个	0.5	43	预制混凝土柱	m³	450
24	裸铜线 10mm²	m	1.20	44	型钢	kg	10
25	铜接线端子 DT-10	个	5	45	沥青	t	2450
26	镀锌螺栓 M10-12×75	套	6.50	46	药卷	m	20
27	电缆卡子	个	2	47	矿粉	t	230
28	封铅	kg	10.00	48	木柴	t	1860

（五）主要工作量内容。

序号	项目名称	单位	工程量	单价/元	合价/万元
I	建筑工程				
一	管道工程				
（一）	泵站间管道工程				
1	渠道土方开挖	m³	140352		
2	压实填筑	m³ 实方	27200		
3	一般石方开挖	m³	33405	270.28	
4	M10 浆砌石平面护坡	m³	5340		
5	镇支墩组合钢模板制安	m²	31084	110.35	
6	C10 混凝土垫层	m³	8088	173.58	
7	C20 混凝土挡土墙	m³	6006	684.34	
8	C20 混凝土镇墩	m³	241058	412.23	
9	C20 混凝土支墩	m³	41436	384.31	

续表

序号	项目名称	单位	工程量	单价/元	合价/万元
10	钢筋制安	t	895		
11	基础固结灌浆	m	5400	352.48	
12	回填灌浆	m	1700	184.30	
13	φ1200钢管安装	m	117500	2850.00	
14	φ1600钢管安装	m	176400	3125.00	
(二)	支管道工程				
二	建筑物工程				
(一)	泵站工程	项	1	4359.30万	
(二)	水闸工程	项	1	1274.93万	
(三)	隧洞工程				
1	进出口砂砾开挖	m³	550	15.34	
2	隧洞石方开挖	m³	60000		
3	M10浆砌块石平面护坡	m³	5364	282.14	
4	C25（三）混凝土衬砌	m³	12684		
5	模板制作与安装	m²	2548		
6	隧洞钢模台车	m²	45400	564.34	
7	隧洞帷幕灌浆钻孔及灌浆	m	102260		
8	钢筋制安	t	1300		
9	锚固工程	根	300		
10	喷浆工程	m²	2520		
11	防渗墙工程	m³	18540		
12	止水伸缩缝工程	m²	10400		
13	细部结构	m³	12684		

序号	项目名称	单位	数量	单价/元 设备费	单价/元 安装费	合价/万元 设备费	合价/万元 安装费
Ⅱ	机电设备及安装工程						
一	泵站设备及安装工程						
(一)	水泵设备及安装工程						
1	水泵（30t）	台	3	777500	116600		
(二)	电动机设备及安装						
1	电动机1000kW（30t）	台	4	868200	181800		
(三)	主阀设备及安装						120.38	13.05
(四)	起重设备及安装						3510.19	450.94

序号	项目名称	单位	数量	单价/元		合价/万元	
				设备费	安装费	设备费	安装费
Ⅲ	金属结构设备及安装工程						
一	泵站工程						
（一）	闸门设备及安装						
1	闸门（9扇）	t	117	130000	15000		
2	埋件（9孔）	t	70	64700	8900		
（二）	启闭机设备及安装						
1	卷扬式启闭机（20t/台）	台	10	10300	4082		
（三）	拦污设备及安装						
1	拦污栅栅体（3t/台）	t	23	10200	3200		
2	拦污栅栅槽埋设	t	4.6	13009	3430		
二	其他设备及安装工程					412.12	23.37

序号	项目名称	单位	数量	单价/元	合价/万元
Ⅳ	施工临时工程				
一	导流工程				
（一）	导流明渠工程				
1	土方开挖	m³	209000	13.14	
2	明渠封堵填筑	m³	224000	32.26	
（二）	围堰工程				
1	堰体填筑	m³	57800	21.34	
2	堰体拆除	m³	44700	4.67	
二	施工交通工程				35.00
三	施工供电工程				48.35
四	房屋建筑工程				
1	施工仓库	m²	1300	350	
2	办公、生活及文化福利建筑				3643.62
五	其他临时工程	%	1		

任务32 实训任务三 投标报价工作任务（一）

【技能目标】
1. 能独立阅读并理解项目编制内容。
2. 能独立完成项目投标文件的编制。

【工作任务】
通过计价软件完成任务编制，并分别生成 Excel、Word、PDF 格式的成果文档。

【任务背景】
为实现自动评分，该文件编制建议采用竞赛版完成项目编制。

某水利枢纽工程位于甘肃省张掖市山丹区，距县城13km，厂房顶部高程2500m，枢纽建筑物主要由混凝土溢流坝、混凝土非溢流重力坝、河床式电站厂房、斜面升船机等组成，其中坝顶高程2.55km。本工程总工期为3年。

本次工程招标包括本标段的工程施工、设备安装、工程材料采购、工程验收、技术支持和服务、缺陷责任期（保修期）服务等内容。

本标段工程的主要材料预算价格如超过主要材料基价表中规定的材料基价时，应按基价计入工程单价参与取费，预算价与基价的差值以材料补差形式计算，材料补差列入单价表中并计取税金。

除另有约定外，工程量清单中的工程量是根据招标设计图纸按《水利工程工程量清单计价规范》（GB 50501—2007）计算规则计算的，用于投标报价的估算工程量，不作为最终结算工程量。最终结算工程量是承包人实际完成并符合技术标准和要求（合同技术条款）和《水利工程工程量清单计价规范》（GB 50501—2007）计算规则等规定，按施工图纸计算的有效工程量。

除招标文件另有规定外，投标人不得随意增加、删除或涂改招标文件工程量清单中的任何内容。工程量清单中列明的所有需要填写的单价和合价，投标人均应填写；未填写的单价和合价，视为已包括在工程量清单的其他单价和合价中。

工程量清单中的工程单价是完成工程量清单中一个质量合格的规定计量单位项目所需的直接费、间接费、利润、材料补差和税金，并考虑风险因素。投标人应根据规定的工程单价组成内容确定工程单价。除另有规定外，对有效工程量以外的超挖、超填工程量、施工附加量、加工、运输损耗量等，所消耗的人工、材料、机械费用，均应摊入相应有效工程量的工程单价内。

某承包商编制本标段投标文件时，有以下规定：工程计算中，未明确期间取值均取最大值。

工程使用的风、水、电，施工单位作如下安排：其施工用电由国家供电网供电97%，自发电3%。基本资料如下，计算其综合电价。

(1) 外购电。①基本电价 0.779 元/(kW·h)。国家附加费 0.017 元/(kW·h)。②损耗率：高压输电线路取 3%，变配电设备及输电线路取 4%。③供电设施维修摊销费 0.04 元/(kW·h)。

(2) 自发电，厂用电率取 5%。①自备柴油发动机，容量 200kW，1 台、250kW，2 台；单位循环水冷却费用为 0.06 元/(kW·h)。②发电机出力系数 0.80。③供电设施维修摊销费 0.05 元/(kW·h)。

(3) 施工用水采用，安装 3 台（其中 1 台备用）单级单吸离心式水泵（流量 200m³/h，扬程 50m，功率 55kW），供水损耗率 6%，摊销费 0.05 元/m³，能量利用系数 0.8。

(4) 本工程供风系统采用 12×20m³/min 的固定式空压站集中供风。能量利用系数 0.75，损耗率 8%，维修摊销费 0.004 元/m³，冷却水摊销费 0.005 元/m³。

工程水泥供应的基本资料如下：

其中 42.5 水泥：

(1) 甲厂 42.5 水泥出厂价 330 元/t，乙厂 42.5 水泥出厂价 310 元/t。

(2) 甲厂水泥汽车运价 0.50 元/(t·km)，装车费为 7.00 元/t，卸车费 5.00 元/t。乙厂水泥汽车运价 0.30 元/(t·km)，装车费为 5.00 元/t，卸车费 3.00 元/t。其运输路径见图 32.0-1，均为公路运输。

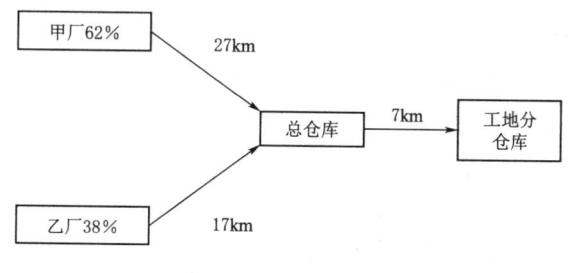

图 32.0-1 运输路径

(3) 运输保险费率：0.17%，毛重系数：1.2。

其中 32.5 水泥：工程用 32.5 水泥自甲水泥厂采购，出厂价为 305 元/t，汽车运 80km 至工地分仓库，工地分仓库距工地现场还有 2km，汽车运费为 0.50 元/(t·km)，装卸费为 8 元/t，运输保险费率为 1.5‰，装载系数 0.8。

一、对分类分项工程施工方案的确定（依据清单顺序）

(1) 土方开挖：2m³ 挖掘机挖土 15t 自卸汽车运输（Ⅳ类土）运距 5.3km。

(2) 石方开挖：马蹄形隧洞石方开挖，风钻钻孔，电力起爆，其中圆的半径为 3.7m，矩形侧墙高 3.2m，隧洞长度为 1700m，岩石等级为Ⅸ级。2m³ 挖掘机装石渣 15t 汽车露天运输 5.2km。

(3) 钢筋制安：钢筋的制作安装以机械为主，人工辅助完成。

(4) 砌筑工程：砌砖基础，砂浆强度 M7.5，水泥 32.5，中砂。

(5) 重力坝坝体，混凝土薄层浇筑，机械化：混凝土（C15 三级配），水泥 32.5，碎石，中砂。砂浆强度为 M20，水泥 42.5，中砂。0.8m³ 搅拌机搅拌，15t

（6）帷幕灌浆钻孔（钻混凝土）φ75：在有架子的平台进行地质钻机钻孔（自上而下），且平台到地面孔高差为3m。平均孔深达37m，岩石等级为Ⅺ级。

（7）帷幕灌浆：二排帷幕自上而下灌浆法，透水率8~10Lu。

（8）模板工程：坝体混凝土平面模板采用悬臂组合钢模板。

（9）锚固工程：锚杆采用地下砂浆锚杆（φ25），长度4m，岩石等级为Ⅸ级，采用气腿式风钻钻孔，锚固砂浆强度为M20，水泥42.5，中砂。

（10）安装工程：油压启闭机设备自重150t（设备单价252413.75元）。

二、关于工程单价计算中的费率：风险因素按预算工程单价扩大5%的方式直接计入工程单价，列于税金之后，其他直接费费率，间接费费率、利润率、税率等费率均执行《水利工程概（估）算编制规定》（2014）及2016年、2019年、2023年文件指标。

三、其余涉及2016年及2019年文件需要调整的所有参数均遵照执行。

四、零星工作项目清单中人工费按工程人工费的1.2倍计入，材料费计入17%管理费，施工机械台时费计入15%管理费。

五、计算结果请以PDF格式导出以下表格：

1. 封面
2. 投标总价
3. 工程项目报价总价表
4. 分类分项工程量清单计价表
5. 措施项目清单计价表
6. 其他项目清单计价表
7. 工程单价费（税）率汇总表
8. 投标人生产电、风、水基础单价汇总表
9. 材料汇总表、施工机械台时费汇总表
10. 工程单价计算表

投标单位填自己学校全名称（如江西水利职业学院），编制人员填自己姓名（如李三），证书编号填写个人身份证号或学号（如2022021030）。除招标文件给定的投标文件格式外，编制报价时应严格按照《水利工程工程量清单计价规范》（GB 50501—2007）中给定的投标文件格式使用。

附件1. 工程量清单如下：

分类分项工程量清单

合同编号：LJW-YZWDDYS-2024××××

工程名称：某水利枢纽工程

序号	项目名称	单位	工程量	备注
1	第一部分 建筑工程			
1.1	土方明挖	m³	30300	

续表

序号	项目名称	单位	工程量	备注
1.2	石方洞挖	m³	36965	
1.3	钢筋制安	t	461	
1.4	砌砖基础	m³	4060	
1.5	重力坝坝体混凝土（C15三级配）	m³	8435	
1.6	帷幕灌浆钻孔（钻混凝土）$\phi 75$	m	543	
1.7	帷幕灌浆	m	1540	
1.8	模板制作与安装	m²	38742	
2	第二部分 机电设备及安装工程	项	1	设备费5642万元、安装费1960.69万元
3	第三部分 金属设备及安装工程			
3.1	油压启闭机设备自重150t	台	1	设备单价254413.71元
3.2	其他金属设备及安装工程	项	1	设备费9940万元、安装费2452.25万元

措 施 项 目 清 单

合同编号：LJW-YZWDDYS-2024××××
工程名称：某水利枢纽工程

序号	项目名称	单位	工程量	合价/元	
1	进场、退场	总价	1	30060	
2.1	临时设施（不包括设备）	总价	1		
2.1.1	施工交通	总价	1	1730050.5	
2.1.2	施工照明	总价	1	106330.5	
2.1.3	施工通信	总价	1	44250	
2.1.4	附属加工车间	总价	1	636990	
2.1.5	仓库	总价	1	896905	
2.1.6	临时办工及生活福利房屋	总价	1	994940.5	
2.1.7	施工期环境保护设施	总价	1	458666	
2.2	其他临时设施（不包括设备）	总价	1	257119.5	

其 他 项 目 清 单

合同编号：LJW-YZWDDYS-2024××××
工程名称：某水利枢纽工程

项目编号	项目名称	单位	工程量	单价/元	合价/元
1	暂列金	总价	1	2500000	

零星工作项目清单

合同编号：LJW-YZWDDYS-2024××××
工程名称：某水利枢纽工程

序号	名　称	型号规格	计量单位	备注
一	人工			
1.1	工长		工日	
1.2	高级工		工日	
1.3	中级工		工日	
1.4	初级工		工日	
二	材料			
2.1	水泥	32.5	t	
2.2	钢筋		t	
三	施工机械			
3.1	挖掘机	2m³	台班	
3.2	自卸汽车	15t	台班	
3.3	搅拌机	0.8m³	台班	

附件2. 材料参考预算价（不含税预算价）：

编码	材料名称	材料单位	单价	编码	材料名称	材料单位	单价
1	柴油	kg	9.29	15	电	kW·h	
2	风	m³		16	水	m³	
3	砂	m³	87	17	黄油	kg	16.23
4	块石	m³	96	18	钢筋	t	4340
5	卵石	m³	85	19	钢板	kg	6.17
6	砖	千块	660.78	20	组合钢模板	kg	5.8
7	机油	kg	17	21	空心钢	kg	5.76
8	沥青	t	4548	22	水泥32.5	t	
9	型钢	kg	5.04	23	水泥42.5	t	
10	镀锌螺栓	kg	8.64	24	炸药	kg	19.12
11	钢模板	kg	4.8	25	导电线	m	1.2
12	木材	m³	1286	26	电雷管	个	7
13	导火线	m	1.2	27	火雷管	个	7
14	汽油	kg	11.74	28	雷管	个	7

续表

编码	材料名称	材料单位	单价	编码	材料名称	材料单位	单价
29	白铁皮0.82mm	kg	5.5	47	焊锡	kg	54.4
30	卡扣件	kg	7	48	电缆吊挂	套	5.24
31	锚杆附件	kg	6.9	49	塑料绝缘线	m	1.2
32	铁件	kg	6.6	50	环氧树脂	kg	39
33	铁丝	kg	6.6	51	油漆	kg	18
34	铜电焊条	kg	78.59	52	氧气	m^3	6.84
35	铜接线端子DT-10	个	19.56	53	乙炔气	m^3	11.4
36	DH6冲击器	套	1257.6	54	预制混凝土柱	m^3	559.22
37	合金片	kg	379	55	编织袋	个	0.72
38	合金钻头	个	18.36	56	电缆卡子	个	1.2
39	金钢石钻头	个	372	57	丁腈橡胶管$\phi13$	m	8.64
40	扩孔器	个	307.2	58	丁腈橡胶管$\phi17$	m	8.64
41	潜孔钻钻头100型	个	788.4	59	镀锌螺栓M10~12×75	套	5.3
42	岩芯管	m	120	60	封铅	kg	33
43	钻杆	m	128.4	61	碎石	m^3	80
44	钻杆接头	个	69.6	62	垫铁	kg	5
45	橡胶止水带	m	150	63	棉纱头	kg	5
46	电焊条	kg	7.45	64	中砂	m^3	90

S32 实训任务文档三

任务 33　实训任务四　投标报价工作任务（二）

【技能目标】
　　1. 能独立阅读并理解项目编制内容。
　　2. 能独立完成项目投标文件的编制。
【工作任务】
　　通过计价软件完成任务编制，并分别生成 Excel、Word、PDF 格式的成果文档。
【任务背景】
　　为实现自动评分，该文件编制建议采用竞赛版完成项目编制。
　　某中型水库工程位于海北藏族自治州兴海县，对外交通较为便利，是一座承担灌溉、工业供水等任务的综合利用水库工程。该水库总库容为 800 万 m^3，正常蓄水位 4000.00m。水库由沥青混凝土心墙坝、溢洪道、导流兼泄洪冲沙隧洞和灌溉放水隧洞等组成，其中沥青混凝土心墙坝最大坝高为 70m，坝顶长度为 350m，坝顶高程 4100m。本工程总工期为 3 年。
　　本次工程招标包括本标段的工程施工、设备安装、工程材料采购、工程验收、技术支持和服务、缺陷责任期（保修期）服务等内容。
　　本标段工程的主要材料预算价格如超过主要材料基价表中规定的材料基价时，应按基价计入工程单价参与取费，预算价与基价的差值以材料补差形式计算，材料补差列入单价表中并计取税金。
　　除另有约定外，工程量清单中的工程量是根据招标设计图纸按《水利工程工程量清单计价规范》（GB 50501—2007）计算规则计算的，用于投标报价的估算工程量，不作为最终结算工程量。最终结算工程量是承包人实际完成并符合技术标准和要求（合同技术条款）和《水利工程工程量清单计价规范》（GB 50501—2007）计算规则等规定，按施工图纸计算的有效工程量。
　　除招标文件另有规定外，投标人不得随意增加、删除或涂改招标文件工程量清单中的任何内容。工程量清单中列明的所有需要填写的单价和合价，投标人均应填写；未填写的单价和合价，视为已包括在工程量清单的其他单价和合价中。
　　工程量清单中的工程单价是完成工程量清单中一个质量合格的规定计量单位项目所需的直接费、间接费、利润、材料补差和税金，并考虑风险因素。投标人应根据规定的工程单价组成内容确定工程单价。除另有规定外，对有效工程量以外的超挖、超填工程量，施工附加量，加工、运输损耗量等，所消耗的人工、材料、机械费用，均应摊入相应有效工程量的工程单价内。
　　某承包商编制本标段投标文件时，有以下规定：工程计算中，未明确期间取值均取最大值。

工程使用的风、水、电，施工单位作如下安排：工程用电83%采用外购电，非工业电价为0.517元/(kW·h)，三峡建设基金为0.007元/(kW·h)，国家规定的加价为0.027元/(kW·h)，工程输电线路较远，工地较集中，17%采用自发电，自发电采用400kW柴油发电机两台，采用多级离心水泵100kW供给冷却水；工程用风采用A、B两个供风系统，供风比例分别为40%和60%，A供风系统采用103m³/min电动固定式空压机1台和60m³/min电动固定式空压机1台，B供风系统采用103m³/min电动固定式空压机1台和93m³/min电动固定式空压机1台，均采用循环冷却；施工用水采用单级单吸离心泵功率为75kW（额定流量250m³/h）。

工程用32.5水泥自甲水泥厂采购，出厂价为317元/t，火车运200km到达转运站再用汽车运40km至工地分仓库，工地分仓库距工地现场还有2km。火车运费0.55元/km，装载系数为0.87，毛重1.2。火车装车费为9元/(t·次)，卸车费为7元/(t·次)。汽车运费为0.75元/(t·km)，装卸费为15元/t，运输保险费率为2‰，车上交货。42.5水泥自乙水泥厂采购，出厂价为417元/t，汽车运140km至工地分仓库，工地分仓库距工地现场还有2km，汽车运费为0.75元/(t·km)，装卸费为15元/t，运输保险费为0.7‰。

工程坝段浇筑为一般层厚度浇筑，采用全面机械化施工。且工程使用的电焊机均为交流25kW，其中工程使用的水泥和砂浆（M10-32.5），均用碎石、中砂。

一、对分类分项工程施工方案的确定（依据清单顺序）

（1）坝基清基：采用3m³挖掘机挖Ⅳ类土，装15t自卸汽车运5.7km至弃渣场；留保护层（占开挖工程量的20%）采用176kW推土机推土，推距170m堆存，再由1m³挖掘机挖装10t自卸汽车运5.2km至弃渣场。

（2）石方开挖：一般石方开挖采用150型潜孔钻钻孔，电力起爆，钻孔深度9m，岩石为Ⅺ级；底部保护层开挖工程量占总工程量的10%；石渣运输由2m³挖掘机挖装10t自卸汽车运6km至弃渣场。

（3）钢筋制安：钢筋的制作安装以机械为主，人工辅助完成。

（4）模板制安：底板衬砌滑模安装、拆除。

（5）混凝土底板浇筑：底板厚度410mm C25（二）-42.5，混凝土拌制采用0.8m³搅拌机，1t机动翻斗车运输450m入仓浇筑。

（6）护坡钢筋混凝土格框C25（二）-42.5：混凝土拌制采用0.8m³搅拌机，1t机动翻斗车运输450m入仓浇筑。

（7）平洞石方开挖：灌浆平洞开挖断面30m²，洞长1200m，采用风钻钻孔，岩石为Ⅺ级，火雷管起爆，符合规范要求的超挖工程量为1200m³，石渣运输采用2m³挖掘机装10t自卸汽车至弃渣场，洞口距弃渣场3km。

（8）钢筋网制作及安装：用于洞内拱顶支护，钢筋网的制作安装以机械为主，人工辅助完成。

（9）帷幕灌浆：灌浆采用自下而上法进行，平洞高6m，钻机钻灌浆孔，岩石等级为Ⅺ级，钻孔深度70m；该灌浆为重要挡水建筑物的帷幕灌浆，采用自下而上法，平洞高 6m，岩石透水率为 9Lu，两排单孔灌浆钻灌比为 1.03。

（10）低压电力电缆：电缆管采用 32mm 钢管，电缆截面面积 30mm^2，一般敷设，采用户外干包式电缆终端头共计 17 个。

二、关于工程单价计算中的费率：其他直接费费率（不计安全生产措施费费率）、间接费费率、利润率、税率等费率均执行《水利工程概（估）算编制规定》（2014）及 2016 年、2019 年、2023 年文件指标。风险因素按预算工程单价扩大 5% 的方式直接计入工程单价，列于税金之后。

三、安全生产措施费计入措施项目清单内，在工程单价计算中不计此项费用。

四、其余涉及 2016 年及 2019 年文件需要调整的所有参数均遵照执行。

五、分类分项工程项目清单中的技术条款编码一列不填内容。

六、零星工作项目清单中人工费按工程人工费的 1.1 倍计入，材料费计入 17% 管理费，施工机械台时费计入 15% 管理费。

七、计算结果请以 PDF 格式导出以下表格：

1. 封面
2. 投标总价
3. 工程项目总价表
4. 分类分项工程量清单计价表
5. 措施项目清单计价表
6. 其他项目清单计价表
7. 零星工作项目清单计价表
8. 工程单价汇总表
9. 工程单价费（税）率汇总表
10. 投标人生产电、风、水基础单价汇总表
11. 材料汇总表、施工机械台时费汇总表
12. 工程单价计算表

投标单位填自己学校全名称（如江西水利职业学院），编制人员填自己姓名（如李三），证书编号填写个人身份证号或学号（如 2022021030）。除招标文件给定的投标文件格式外，编制报价时应严格按照《水利工程工程量清单计价规范》（GB 50501—2007）中给定的投标文件格式使用。

附件 1. 工程量清单如下：

分类分项工程量清单

合同编号：LJW-YZWDDYS-20240920

工程名称：某中型水库工程

序号	项目编码	项目名称	计量单位	工程量	备注
1		第一部分　建筑工程			
1.1		挡水工程			

续表

序号	项目编码	项目名称	计量单位	工程量	备注
1.1.1		沥青混凝土心墙坝			
1.1.1.1	500101006001	坝体清基	m³	43600	
1.1.1.2	500102002001	石方开挖	m³	45420	
1.1.1.3	500111001001	钢筋制安	t	7112	
1.1.1.4	500105004001	模板制安	m²	5300	
1.1.1.5	500105004001	混凝土底板浇筑	m³	6500	
1.1.1.6	500109001001	护坡钢筋混凝土格框 C25（二）	m³	2780	
1.1.2		左右岸平洞灌浆			
1.1.2.1	500102007001	平洞石方开挖	m³	17000	
1.1.2.2	500111001002	钢筋网制作及安装	t	220	
1.1.2.3	500107005001	帷幕灌浆	m	14000	
2		第二部分 机电设备及安装工程			
2.1		电气工程			
2.1.1	500201018001	低压电力电缆 YJV22－0.6/1KV3×25＋1×6	m	3100	
2.1.2		其他电气工程	项	1	设备费6960.13万元，安装费3212.04万元
3		第三部分 金属结构设备及安装工程	项	1	设备费8996.69万元，安装费4685.12万元

措 施 项 目 清 单

合同编号：LJW－YZWDDYS－2024××××

工程名称：某中型水库工程

单位：万元

序号	项目名称	单位	数量	单价	合价	备注
1	临时工程					
1.1	施工交通设施	项	1		4590	总价承包
1.2	施工及生活供电设施	项	1		1300	总价承包
2	安全生产措施费					
2.1	安全生产措施费	项	1			建安工程费的2.5%
3	环境保护措施费				1600	
4	水土保持措施费				7050	
5	施工导流				16090	
6	施工企业进退场费				800	

其他项目清单

合同编号：LJW-YZWDDYS-2024××××

工程名称：某中型水库工程

序号	项目名称	金额/万元	备注
1	预留金	980	

零星工作项目清单

合同编号：LJW-YZWDDYS-2024××××

工程名称：某中型水库工程

序号	名称	型号规格	计量单位	备注
一	人工			
1.1	工长		工日	
1.2	高级工		工日	
1.3	中级工		工日	
1.4	初级工		工日	
二	材料			
2.1	水泥	32.5	t	
2.2	钢筋		t	
三	施工机械			
3.1	挖掘机	2m^3	台班	
3.2	自卸汽车	10t	台班	
3.3	推土机	176kW	台班	

附件2. 材料参考不含税预算价：

序号	名称	规格	单位	单价	序号	名称	规格	单位	单价
1	合金钻头		个	170	13	合金片		kg	12.5
2	钻头	150型	个	120	14	金刚石钻头		个	300
3	冲击器		套	90	15	扩孔器		个	100
4	炸药	2号岩石铵梯	t	7300	16	岩芯管		m	80
5	炸药	4号抗水岩石铵梯	t	8200	17	钻杆		m	70
6	火雷管		个	1.1	18	钻杆接头		个	30
7	电雷管		个	1.2	19	水		m^3	
8	导火线		m	0.9	20	电		kW·h	
9	导电线		m	0.7	21	风		m^3	
10	钢筋	φ6～25	t	4230	22	煤		t	1200
11	铁丝		kg	7.5	23	柴油	—10号	t	5550
12	电焊条		kg	8.4	24	汽油	92号	t	7120

续表

序号	名称	规格	单位	单价	序号	名称	规格	单位	单价
25	水泥	32.5	t		41	电缆吊挂		套	120
26	钢管	32mm	m	20	42	标志牌		个	50
27	镀锌管接头	32～100	个	8	43	塑料带	20×40m	卷	7
28	锁紧螺母	32～100	个	2	44	塑料胶粘带	20×50m	卷	10
29	护口	32～100	个	10	45	自粘塑料带	20×5m	卷	10
30	管卡子	32～100	个	10	46	半导体布带	20×5m	卷	8.2
31	低压电力电缆	YJV22-0.6/1KV3×25+1×6	m	36	47	裸铜线	20mm^2	m	25
					48	铜接线端子	≤35mm^2	个	10
32	防锈漆		kg	22	49	塑料手套	ST型	个	2.2
33	铅油		kg	20	50	塑料雨罩	YS型	个	5.7
34	塑料膨胀管	ϕ6～8	个	1.3	51	中砂		m^3	178
35	冲击钻头	ϕ6～8	个	15	52	块石		m^3	110
36	膨胀螺栓	M6～8	套	2	53	碎石		m^3	120
37	镀锌螺栓	M10×75	套	2.5	54	粗砂		m^3	170
38	封铅		kg	50	55	水泥	42.5	t	
39	镀锌铁丝	8#～10#	kg	7	56	型钢		kg	8.9
40	电缆卡子	1.5×32	个	30					

S33 实训任务文档四